斉藤 章［著］

光合成を
高めれば
もっと
とれる

ハウスの環境制御ガイドブック

the guidebook of
climate control
for greenhouse

農文協

環境制御で作物はこう変わる

熊本県八代市・宮崎章宏氏のトマトを例に

（撮影：赤松富仁）

8月中旬定植で10月上旬から翌年6月まで収穫の長期どりトマト（6月19日撮影）。品種は「アニモTY12」。ハウスは軒高2m前後の丸屋根の連棟。仕立ては斜め誘引。厳寒期のCO_2施用、温湿度管理などの環境制御の導入により、収量は28t/10a。未導入ハウス20tに対して大きく増収している

環境制御ハウスの葉は未導入ハウスの葉に比べて小葉で色が濃く、厚みが増す

宮崎章宏氏。ハウス面積は3.8ha。うち環境制御に取り組んでいるのは80a

――12 月の生長点と花

未導入ハウス

生長点付近の茎は細くて勢いがない

花は小さめで色が薄い

低温低日射下でも花落ちせず着果する

環境制御ハウス

生長点に勢いがあって太めの茎

花は大きく黄色が濃い。
花数も多い

——3月の収穫

未導入ハウス

開花果房は14段目。日射量が増えたせいか、生長点の太さや着花はよい。ただし環境制御ハウスに比べ、蕾から開花房までの距離が近い。生殖生長にやや傾いている

果実はL玉中心だが、着色が遅い。開花時の樹勢が弱かったので摘果して着果数を減らさざるを得なかったため、1果房に3果が中心。地際から生長点までの茎長は約5m

未導入ハウスに多いブクブクの葉。転流が進んでいないのか、葉色は濃い

着果数が増えて、よく肥大する

環境制御ハウス

開花果房は16～17段目。株元まで光を当てるため、11月下旬からわき芽と同時に果房裏の葉（矢印）も摘葉している

一果房に4果でM玉中心。地際からの茎長は約5m75㎝。定植は未導入ハウスよりも1週間遅いが、生育は進んでいる。生育の波が小さくコンスタントに収穫できている

増える、根量も多い

未導入ハウス

一株当たりの茎長を見てみた。およそ８ｍ（約１ｍで折り返し）

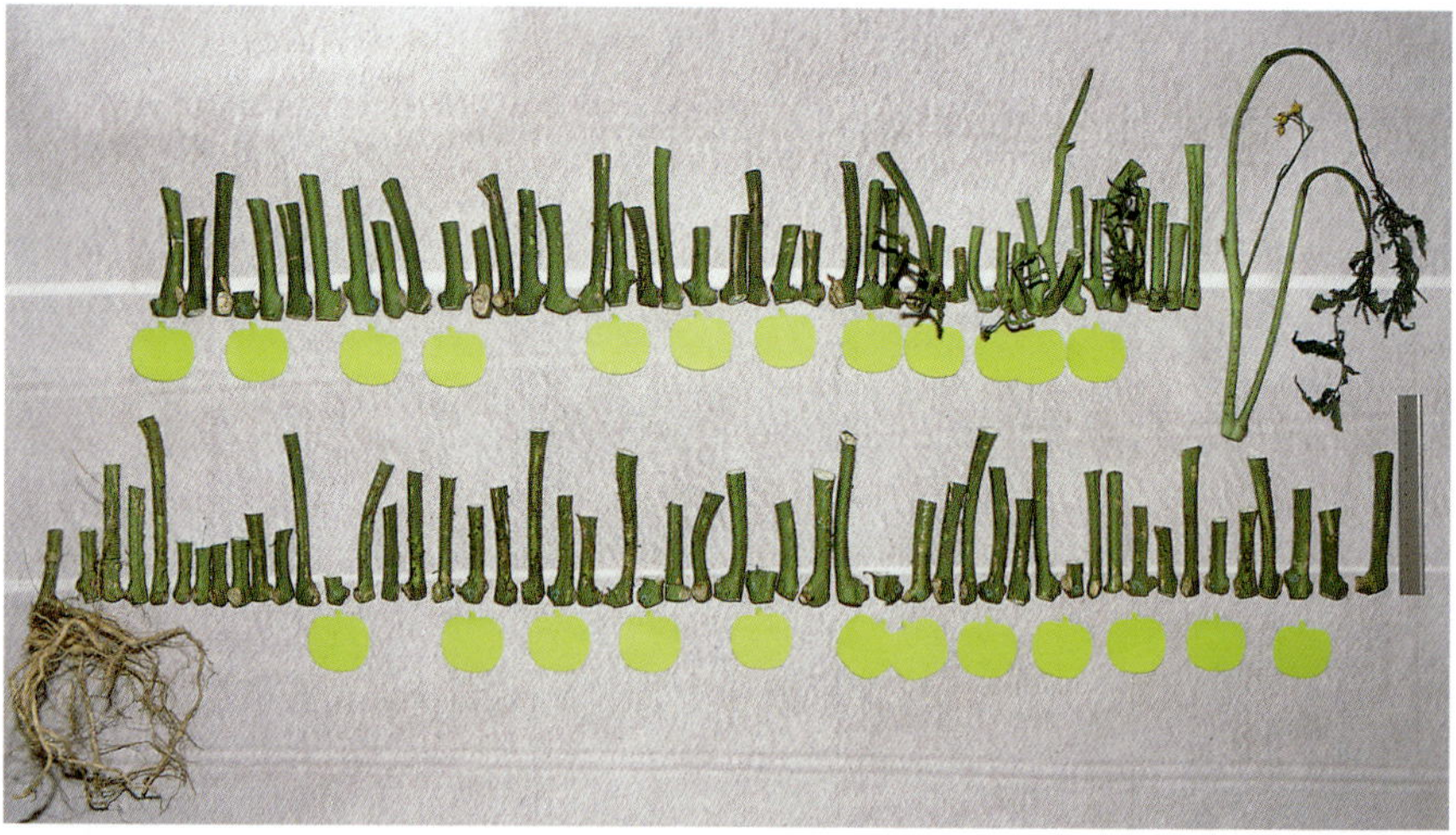

一株当たりの茎を節ごとに分け、着果部位に印をつけてみた。
果房数は24房で一果房３果中心。茎が太い時期や細い時期がある

側枝を増やしたぶん着果数が

環境制御ハウス

12月下旬から側枝を伸ばして2本仕立てにしたので、延べ12～13mほどありそう

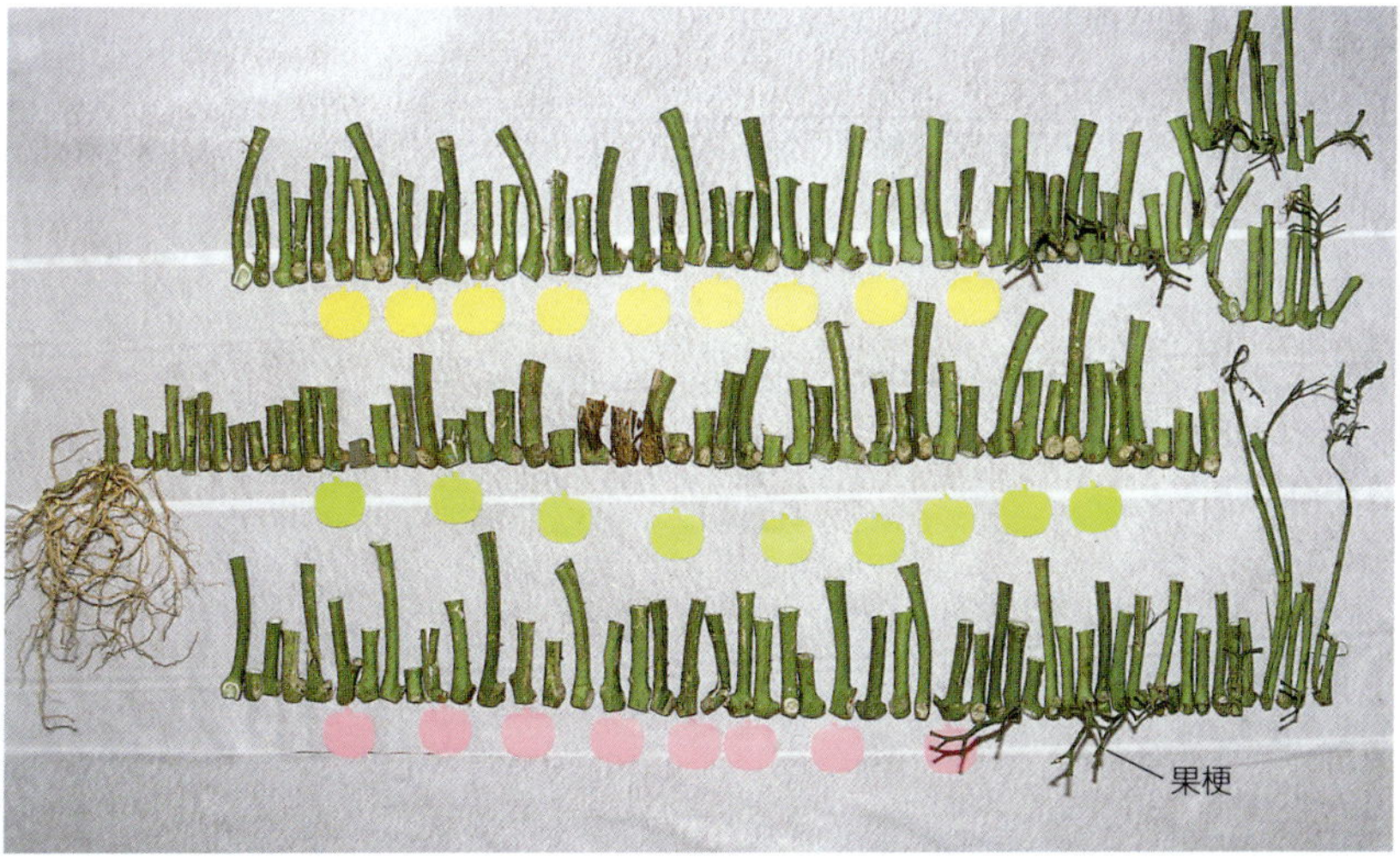

果房数は35房（印をつけたところ以外に果梗がついているところも含む）で一果房4果中心。光合成産物が増加し、地下部への転流量も増加した結果か、根量（とくに太い支持根の本数）も未導入ハウスよりかなり多い。茎の太さも常に一定

さまざまな作物で成果があがっている

CO_2を施用し、温度管理を変えた上で、かん水を増やし、収量を18tまで伸ばしている愛知県田原市・岡本直樹さんのミニトマト（53ページ）

10月下旬からCO_2を施用し、温度管理も変え、大玉の完熟イチゴを全量直売している福島県須賀川市・小沢充博さんのイチゴハウス。CO_2施用は、プロパンガス燃焼式の「ハウスバーナーらんたんさん」とガスコンロを使用。厳寒期（1月8日撮影）でも草勢を維持できている

光合成を最大化させる切り上げ仕立てなどにより、坪当たり500本の大台を達成している広島県竹原市・神田昌紀さんのバラ（67ページ、著者撮影）

はじめに　なぜオランダの技術を日本に伝え歩くのか

私は二〇〇二年に初めて、施設園芸先進国のオランダに訪問した。オランダの施設園芸については、いろいろな方から聞いていたので知っているつもりであったが、実際に生産者のハウスに訪問して植物を間近に見た感想は驚きの一言であった。技術の高さと考え方の違いを感じたのはもちろん、常に進化を続けているオランダでは過去に聞いていた情報は一昔前の話が多かったからだ。

翌年、再びオランダに訪問する機会があり、トマト生産者から栽培方法や栽培技術について詳しく聞く時間がとれた。このときも多くの驚きがあったが、そのひとつが生産者から言われた「栽培の基礎は光合成だ」であった。光合成？　もちろんその意味は知っていたが、自身がハウス内で栽培管理をしているときや生産者を訪問して植物を見たときには考えたことのない観点であった。このとき同時にCO_2、水、そして光の重要性の説明を受けた。頭を金づちで殴られたような衝撃であったことを今も鮮明に覚えている。さらに自分自身が植物そして施設園芸に対する考え方に無知であったことを理解した。

当時、オランダのトマト栽培では一〇ａ当たり六〇ｔ程度の収量を得ていたことは広く国内でも知られていた。訪問した生産者の方に、定植から栽培終了までの期間と定植本数、収穫果房数、一果重を聞いてみると、特殊なことを実施しているのではなく、各果実と各果房を確実に収穫しているだけだとわかった。それを実現させているのが、光合成を高める環境制御の知識と技術であり、私たちに不足している点だと痛感した。日本でも同じ考えでトマト栽培を実践すれば、六〇ｔとはいわなくても二〇ｔ程度の収量を倍増できると直感的に感じた。

二〇〇五年頃からは、弊社の試験ハウスにて、オランダで行なっているような温度やCO_2、かん水などの管理方法を実施してみた。すると今までとは大きく異なった植物反応を目の当たりにして再度驚いた。当初、これらの情報は社外秘であり、社内でコツコツと試験に取り組んでいた。一方で私自身は、このような技術は多くの人たちに伝え、情報を共有することで生産者の利益になるようにするべきではないかと思っていた。その後、数名の信用できる生産者にもオランダ式の管理方法を実施してもらうと、植物は社内試験と同様に今までに見たことのないような反応を示した。併せて多くの知見を入手でき、情報の発信と共有化の重要性を経験した。

現在、私は全国で年間七〇回以上、延べ三〇〇〇人以上の方を対象に、施設園芸での実践的な環境制御方法や栽培方法に関する勉強会やセミナー、講演を行ない、積極的な情報発信をしている。同時に五年間ほどの間で、私の話を参考に栽培方法の改善を行ない、収量と品質を飛躍的に向上させた生産者を一〇〇名以上見てきた。その方たちの共通点は、知識や年齢、栽培ハウスの仕様ではなく、話を受け入れて実施する行動力であった。

環境制御の戦略は至って簡単である。まず植物栽培の基礎は光合成を高めることである。光合成にとって最も重要な因子はエネルギーとなる光であり、光の増大は光合成の増大となる。果菜類では光合成でできた糖を適切割合で果実へ分配させることが収量と品質に影響する。これを部分最適ではなく俯瞰的に見て統合的に考えることが重要である。

本書はこの観点から、よく聞かれる質問や誤解、そして現状の収量を打破するための環境制御の改善点についてまとめた。また生産者の方がすぐに行動に移せる実践的な手法、さらには栽培過程で判断材料になる情報を多く盛り込んだ。

ぜひ皆さんにも私が経験してきた驚きと感動を味わってもらいたい。まずは栽培上の問題点を見つけ、課題を掲げて行動してもらいたい。その先には理想となる姿がイメージできるようになるであろう。そして多くの方が農業に夢が描けたら幸いである。

二〇一五年十一月

株式会社誠和　斉藤　章

目次

第3章　よくある質問——環境制御35のQ&A

第4章 環境制御のための機器
――測る、記録する、制御する

第1章

なぜ増収するのか

――増収のしくみ

1　オランダが反収七〇tとれるわけ

施設、品種、栽培技術

わが国のトマトの一〇a当たり収量は、多収生産者でも二〇～三〇t程度である。いっぽう、オランダでは安定して七〇tを達成している。約三〇年間の間に三〇tから七〇tと二倍以上になったのである（図1―1）。

オランダでは一九八〇年代に、このままトマト収量が増加し続けると二〇〇〇年ころには六〇tに到達すると予想されていたそうだ。このようなことが三〇年前に予想されていたことにも驚くが、それを現実のものとしたことにはさらに驚く。試験レベルでは、五二週（周年）収穫することで収量一〇〇tが達成されている。現在、オランダにおけるトマト収量の限界は一二〇tと予想されているが、この数字も近いうちに達成されるかもしれない。現在のオランダの生産者は年一tの増収をめざしている。七〇tの生産者にとってはわずか年一・四％の増収だが、これを一〇年間継続すれば一〇tの増収となる。

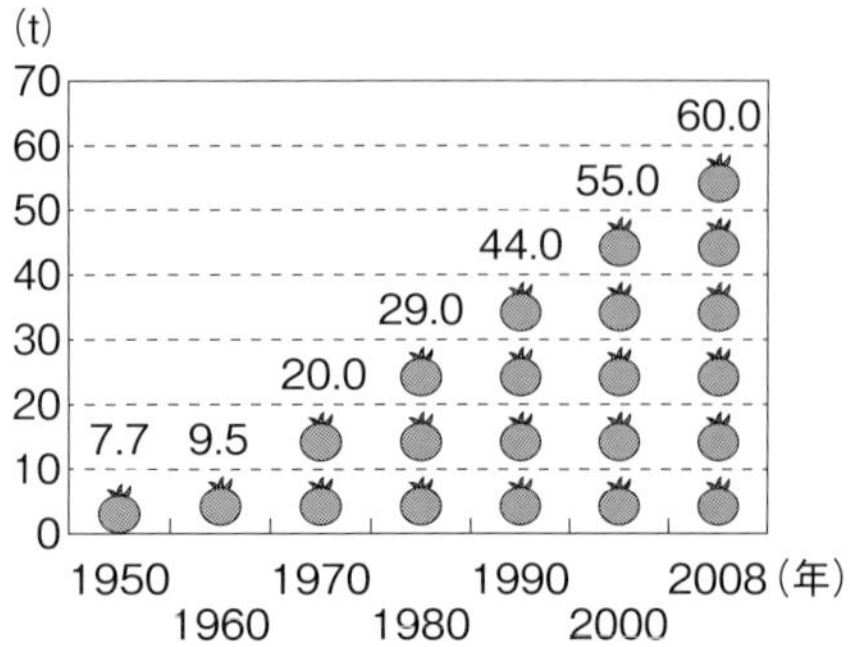

図1－1　オランダのトマト栽培における収量の変化（Bakkerら、1995から作成）

＊2000年と2008年の数字は筆者の現地聞き取り調査による

なぜオランダではトマト収量を三〇年で二倍以上にすることができたのだろうか？　オランダ人はその理由として次の三つを挙げる。

●施設内への光透過率の向上
●栽培品種の変化
●栽培技術の向上

これらのなかで、わが国の施設園芸にとってとくに重要なことは栽培技術の向上であり、すなわち環境制御技術の習得である。

環境制御技術の向上

写真１－１　現在のオランダのトマトハウス。高軒高で、天井ガラスが大きい。ロックウールをハンギングガターと呼ばれる吊り下げ式の架台に設置している。これにより収穫作業を容易にすることができる

オランダの施設園芸というと、話題になるのは施設規模の大きさや施設の自動化機器などである。しかし世界的に高く評価されているのは単なる施設ではない。継続的な収量増加を実現する栽培技術とそのための施設である。

写真１―１はオランダで現在使われている施設である。二五年ほど前の施設と比較すると、この間に新しく導入されたものは、カーテン装置、循環扇、それと一部の生産者に導入されている補光ランプ程度である。それ以外に導入されたものには、高軒高施設、大型の天井ガラス、両天窓、ロックウールのガター（樋）システム、環境制御システムがあるが、いずれも従来からあった施設に光合成を高めるための機能を加えている。

オランダ農業の収量増加を可能にしているのは、あくまでも光合成を高める環境制御技術の向上なのである。

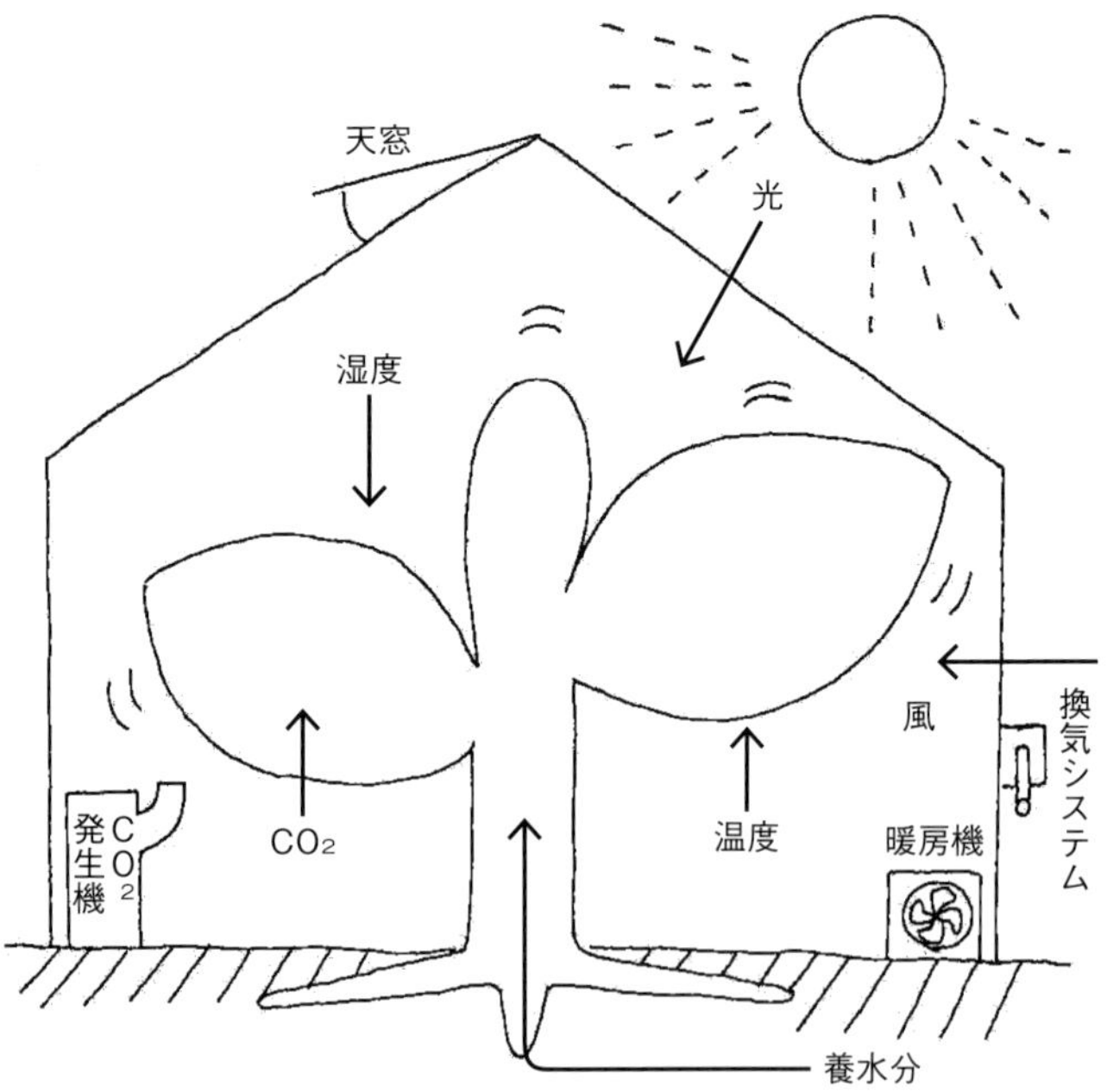

図1－2　統合環境制御とは

2 環境制御技術って何？

光合成能力を最大限に高める

オランダでは環境制御技術の向上が特出しており、わが国と大きく差があるように思える。とくに地上部の環境制御は、一九九〇年代前半に出現したコンピュータによる統合環境制御システムにより大きく発展した。高収量栽培のための「統合環境制御」の考え方は、ハウスの構造や資材、品種にも影響を与え続けてきた。

ここでいう「統合環境制御」とは、「施設栽培での作物の生育にかかわる温度、湿度、CO_2、光、風、養水分などの環境要因を統合的に判断してハウス内の各種機器を制御し、最適環境をつくりだすこと」である（図1―2）。それによって作物の光合成能力を最大限に高める技術である。

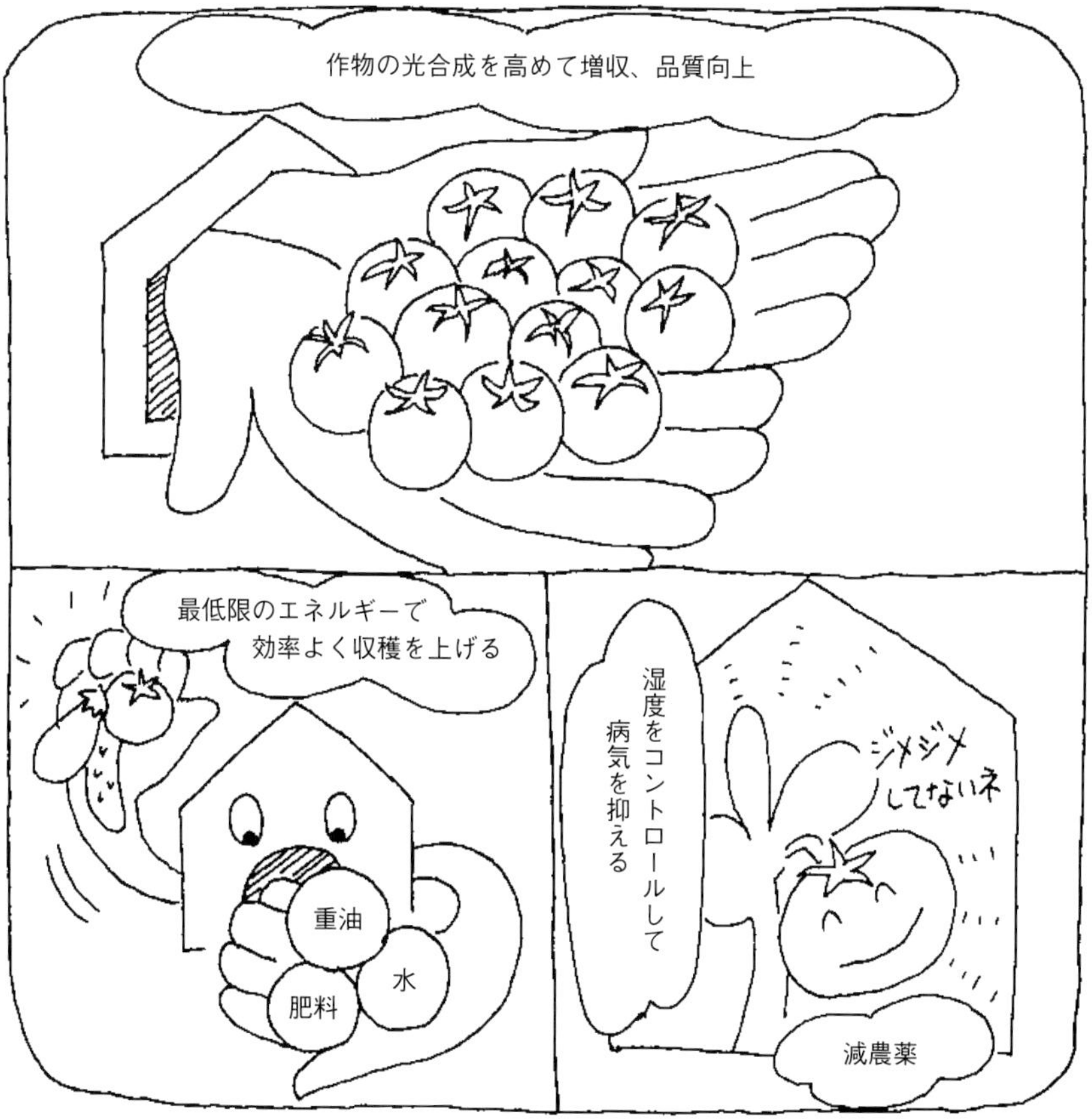

図1－3　環境制御のねらいと効果

環境制御の効果

施設園芸における統合環境制御のねらいは次の三つである。

①光合成速度の増大による収量向上

二酸化炭素（以下 CO_2）や水、光の制御で作物の光合成を最大化させることで増収と品質向上を実現する。

②湿度制御による病害発生の抑制と減農薬による収量向上、労力削減および安全・安心な農産物の提供

ハウス内の湿度変化をコントロールすることで灰色カビ病などの発生を抑え、増収する。

③化石燃料や水、肥料、光などの利用効率の向上

植物が必要なときに必要なだけの重油や肥料、水などを与えることで効率よく収量を上げる。

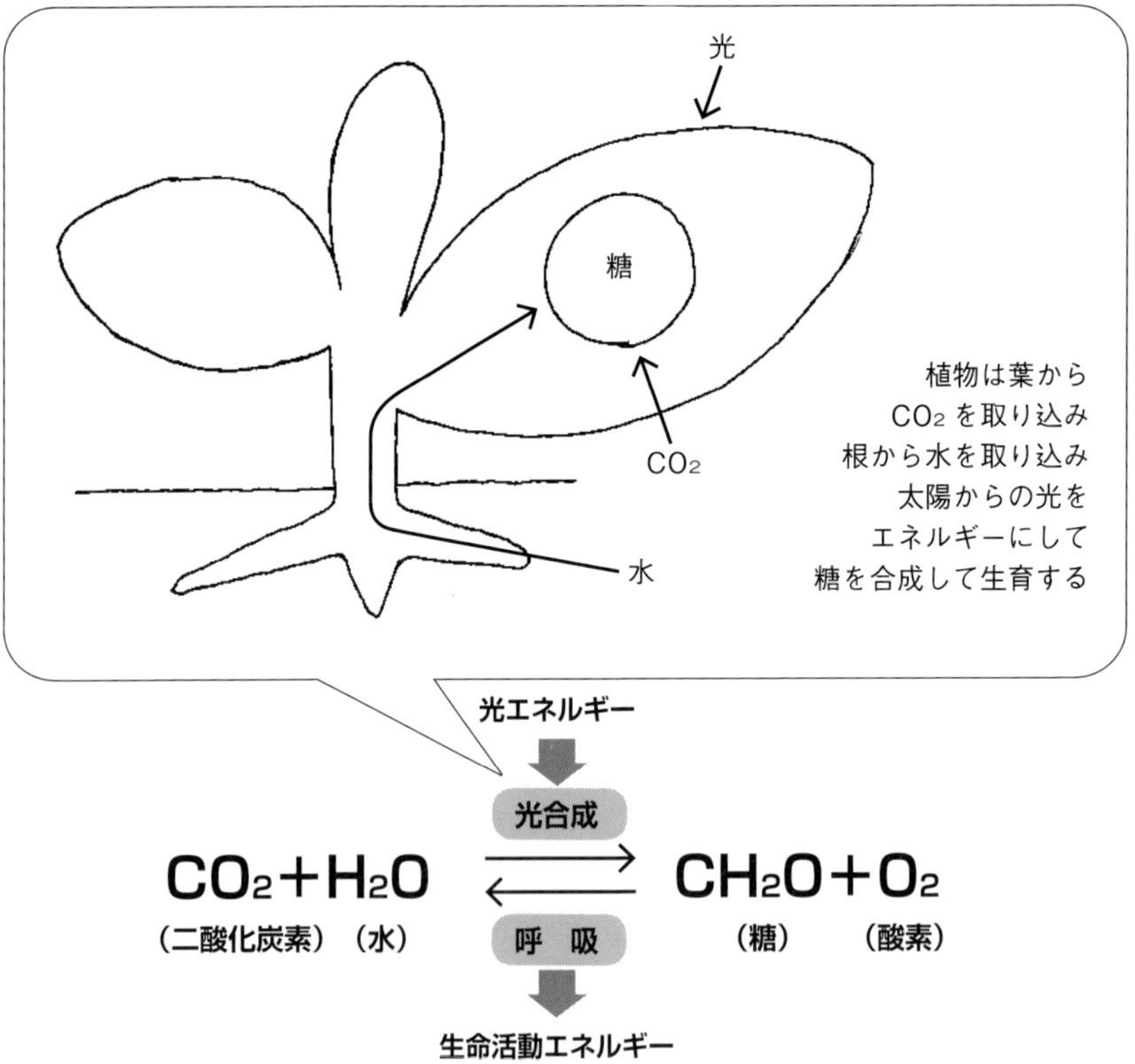

※光合成は緑色の葉で、呼吸はすべての部位で行なわれる。また、光合成は昼間、呼吸は一日中行なわれる

図1－4　作物の光合成と呼吸

これらはそのまま環境制御の効果でもある（図1―3）。

植物栽培の基本は光合成

植物は太陽からの光をエネルギーとして利用して、葉からCO_2を、根から水を取り込み、糖を合成して生育している。これが光合成である（図1―4）。

植物は光合成をすると同時に呼吸もしている。呼吸は光合成の逆の反応であり、光合成によってつくられた糖を分解してエネルギーを生み、植物の生長に利用する。

トマトやイチゴなどの果菜類では、呼吸に利用されなかった糖を適切な部位にしっかり転流させることで果実の肥大が進み、品質が高まる。

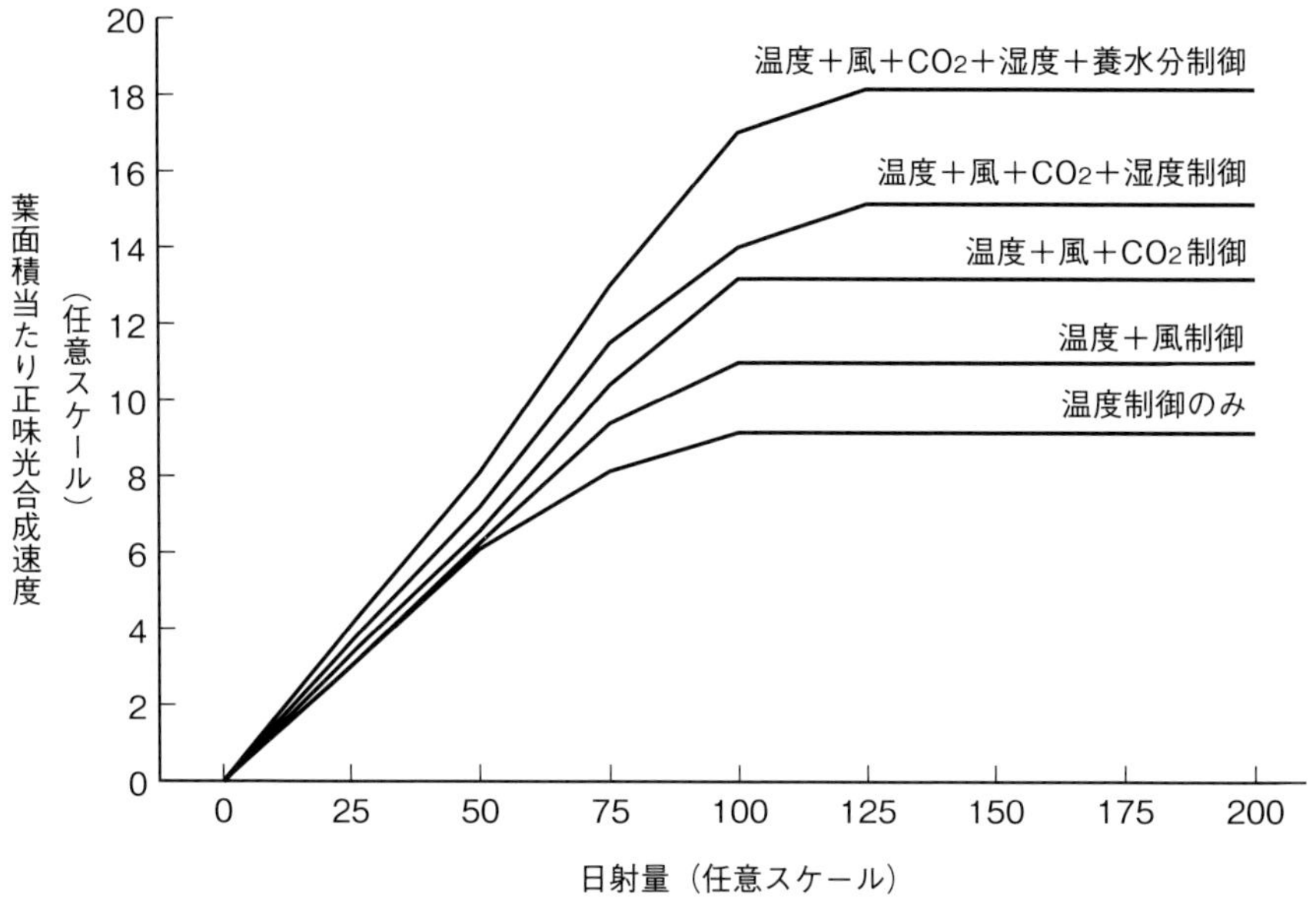

図1－5　統合環境制御による光合成速度の変化の模式図（古在、2009を改変）

ハウス内温度のみの制御ではなく、光合成にかかわる環境要因を積極的に制御することで、光合成量は大きく高めることができる

温度や肥料より先にCO_2と水

植物栽培においてもっとも重要なことは光合成の最大化である。そのためには光合成の原料となるCO_2と水は、植物が必要なときに必要な量を供給しなければならない。太陽からの光はエネルギーとなるので多いほどよいということになる。

なお、光合成の過程に温度や肥料は含まれていない。温度や肥料は栽培上重要だが、植物栽培の基本は光合成である。目に留まりやすく変更しやすい温度や肥料などの環境要因に着目しても収量と品質は向上しない。CO_2や光、湿度など、まずは光合成を左右している環境要因を最適化することが増収と品質向上を目指した環境制御では重要となる（図1—5）。

3 増収のしくみ

厳寒期のトマトの着果数が増える

では、環境制御技術を導入して光合成が最大化すると、作物の生育にどういう変化が起こるのだろうか。わが国で実際に導入した農家の例から、増収のしくみをみてみたい。

図1—6は、カラー口絵で紹介した熊本県八代市の宮崎章宏氏のトマトハウスで収量の推移をみたものである。CO_2を施用したハウスと施用しないハウスで比べている。施用したハウスは施用していないハウスに比べて、春先の三～四月に収量が二倍ほどに増えていることがわかる。

このハウスでは、日射量がもっとも低下する十二～一月にCO_2を積極的に施用し、併せて採光、温湿度管理、草勢管理をしている。その結果、通常は日照不足によって着果数が〇～二果に落ちてしまうところ、確実に四果着果して肥大するようになったため、三～四月の収量倍増につながったのである（くわしくは44ページ）。

ナスの樹勢が強まり、着果周期も早まる

続いては、高知県安芸市の植野進さんのナスハウスで、CO_2を施用しなかっ

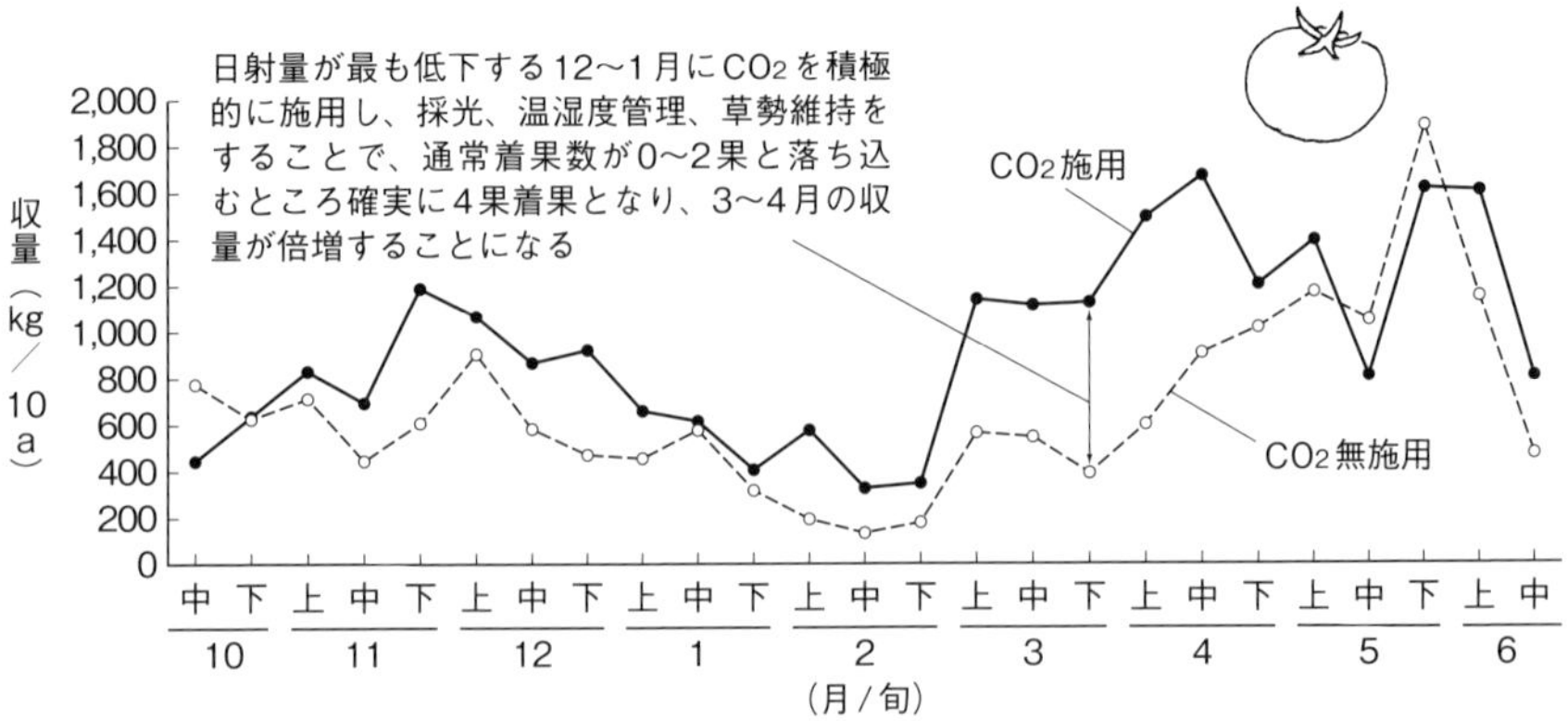

図1－6　収量の推移（深田、2014）

写真1－2　熊本県八代市の宮崎章宏氏の環境制御ハウス。1果房4果中心で、着色も順調（写真1－2,3は赤松富仁 撮影）

写真1－3　同じ宮崎氏の環境制御未導入ハウス。1果房3果中心で果実は大きいが、着色が進んでいない

た前年と施用した当年とでみたナスの生育の違いである。

十一月にCO_2を施用し始めて一週間後から、従来は中花柱花の割合の高い品種「土佐鷹」で長花柱花の割合が増え、樹勢が強まっている（図1―7）。その後、一～二週間後には着果数が増え、さらに着果周期も早まっている（図1―8）。その結果、高単価期の十二～三月に、CO_2無施用だった前年度対比で三〇％増（全栽培期間の総収量で二〇％増）という高い増収効果が見られたのである（31ページ参照）。

以上二つの事例は増収のしくみの一例である。しかし、増収事例の多くは、低温寡日照のような不良環境条件のときにCO_2施用などによって光合成を最大化させて増収に持ち込むパターンである。

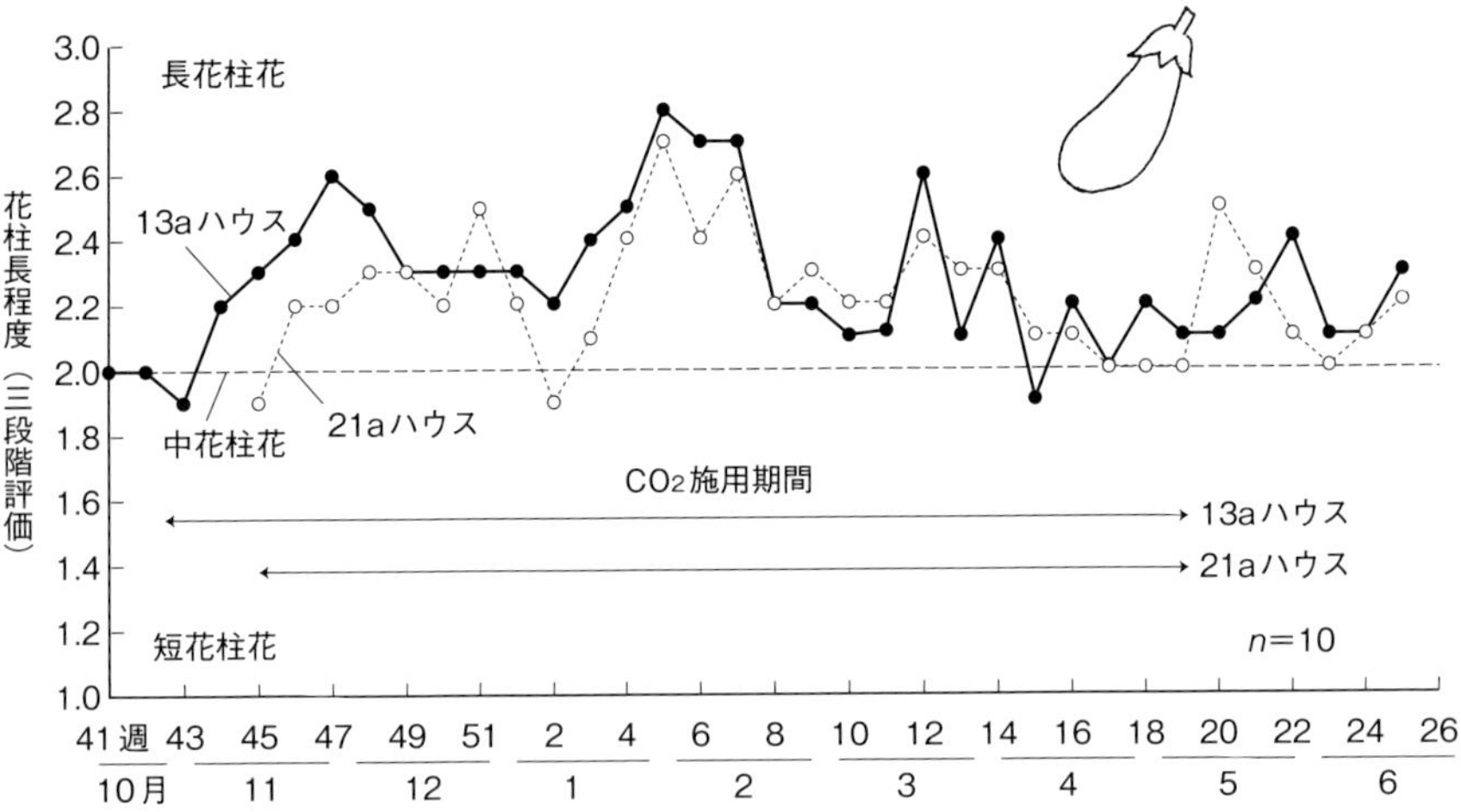

図1－7　上位側枝の花柱長程度の推移（26園芸年度）（新田、2014）

調査対象は上位側枝で第1花房が開花中である無作為の10株とし、花柱の長さ程度を3段階（1：短花柱花、2：中花柱花、3：長花柱花）で評価した

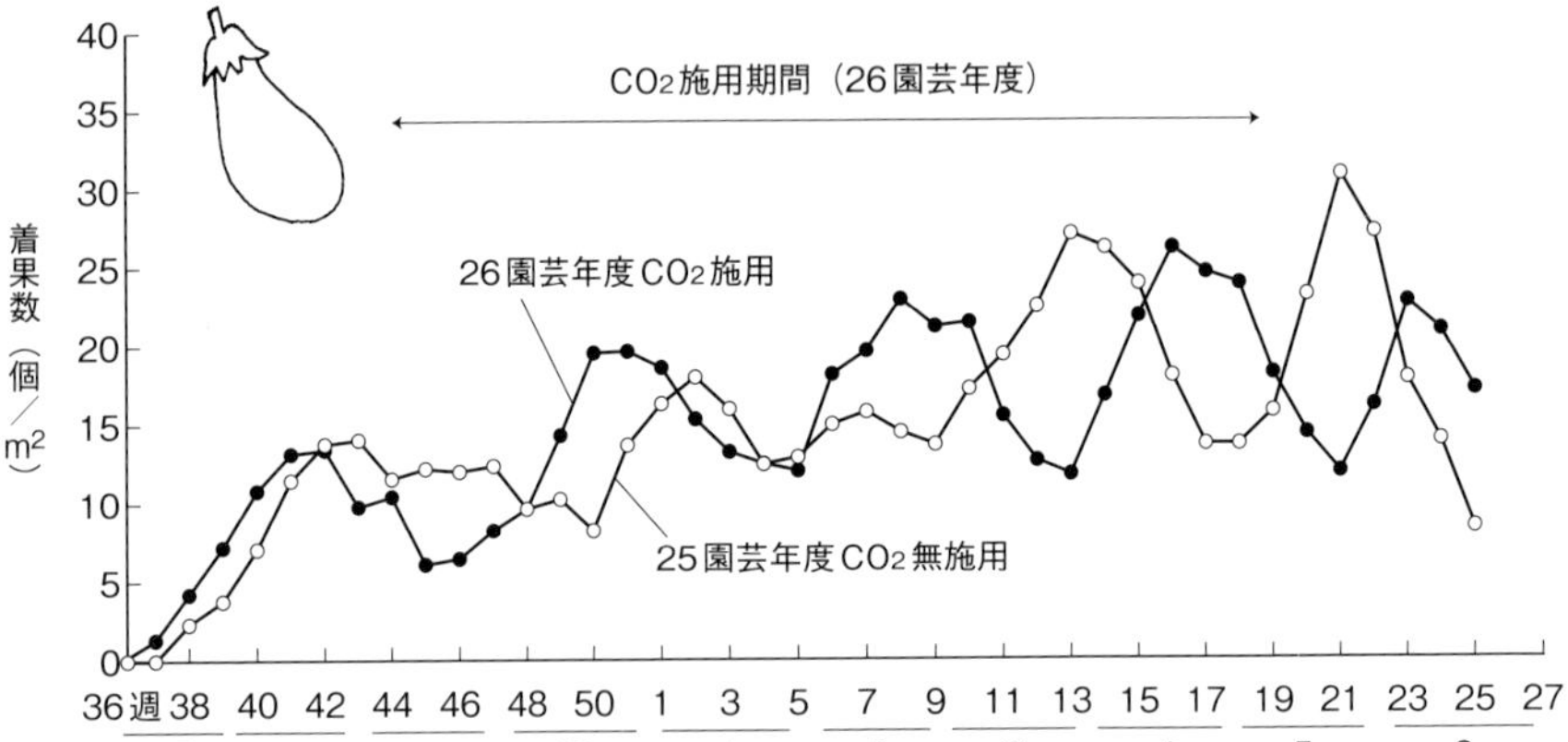

図1－8　21aハウスにおける㎡当たり着果数の前年度との比較（新田、2014）

いずれの年度も定植日は8月29日で同じ。ただし、株間は25園芸年度には60cm、26園芸年度には63cmとした

4 環境制御は経費的に合うか

重油使用量が増えても、わずかな増収で見合う

なお、環境制御技術を導入すると、温度管理を変えることによって今までより燃料の投入量が多くなる場合がある。経営として成り立つのか、改めて経費を計算してみたい（図1―9）。

たとえば、トマト栽培での収量を一〇a当たり二〇t、販売単価を一kg三〇〇円、暖房経費を五〇万円（一ℓ九〇円の重油五・六kℓ使用）とする。

燃料経費を減らすために重油使用量を一〇%減らしたとすると、五万円の経費削減となる。いっぽう、同額の売り上げを増収によって高めるには、一六七kgの増収が必要となる。これは、現状の収量からみると、わずか〇・八%。ほんのわずかな増収でまかなえるといえる。重油使用量が増えたとしても、わずかな増収で見合うのである。

一般にビジネスでは、経費削減は利益率の改善にはつながっても事業の継続的な成長には直接貢献しないといわれる。収益を高めるには経費削減か、増収か、どちらをとるか十分に考えてみてほしい。

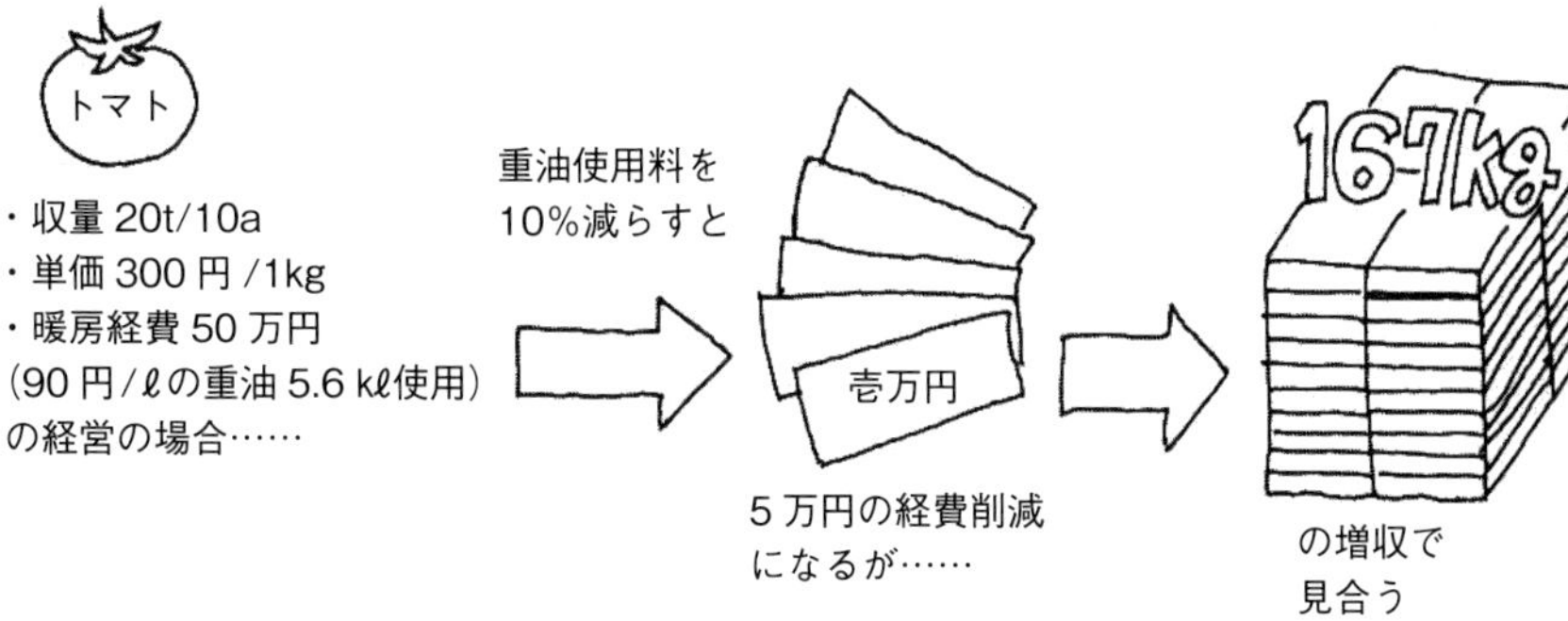

トマト
・収量 20t/10a
・単価 300 円 /1kg
・暖房経費 50 万円
（90 円/ℓの重油 5.6 kℓ使用）
の経営の場合……
重油使用料を
10%減らすと
壱万円
5 万円の経費削減
になるが……
167kg
の増収で
見合う

図1―9　環境制御（暖房代）のコスト計算

5 高軒高でないとできないのか

従来の軒高でも、対応策をとればよい

また、環境制御は軒高四mなどの重装備ハウスでないと効果は期待できないと思われているかもしれない。しかし必ずしもそうとは限らない。

高軒高ハウスのメリットは、トマトを直立させて誘引できるので斜め誘引に比べて受光体勢がよくなり、生育時のストレスがかかりにくくなることである。また、トマト頭上の空間が大きくなることで急激な温湿度変化を抑えることもできる。その点、従来の軒高ハウスでは採光性が悪く、温湿度変化が早いことがデメリットとなる。しかしこの問題点を知って対応策をとれば、十分に環境制御の効果は得られる。

前述した熊本県八代市のトマトハウスがまさにその好例である。八代地域の既存ハウスは軒高が一・八～二mで、なおかつ奥行きが一〇〇mを超えるものも珍しくない。表1―1は、その不利な条件と対応策をまとめたものである。これらの対応策をとることで、コストをかけずに増収することに成功している。

表1－1　八代地域のハウスで不利な条件とその対応策（深田、2014を改変）

八代地域のハウス	問題点	対応策
谷換気	結露水がボタ落ち	谷ネットの張り替え（アーチパイプの下）、ツユトール設置
	環境の変化が早い	風向きで開口方向調節
		徐々に換気できるよう調節（動作時間を短く、動作の間隔を長く）
軒高が1.8～2.0m	採光性が不良	摘葉（葉の途中間引き、生長点花裏の葉を除去）
	斜め誘引でさらに採光性不良	誘引高の拡大
	湿度が高くなりやすい	早い時間から狭い換気を開始しておく 日中暖房による湿度低下、暖房＋狭い換気による水分排出
	空気の循環が悪い	有孔ダクトで補完
奥行きが100m	CO_2濃度ムラがみられる	
	温度ムラが大きい	循環扇で補正

第2章

環境制御の実際

——技術のおさえどころ

1 環境制御の始め方と進め方

環境制御に取り組む際、どこから手をつけたらいいのだろうか。その始め方と進め方について、ここでは主にイチゴを題材に紹介する。環境制御とはどんなことをする技術なのか、その全体像をつかんでいただけたらと思う。

まずは温度などを測ってみる

冬から春にかけて収穫されるイチゴ（一季成り性品種）は、低温短日で花芽分化する短日性植物である。そこが他の果菜類と大きく異なる点で、早出しのため夏に行なう苗の低温短日処理は、イチゴづくりの最初の環境制御技術といえる。ただしここではその話は除き、定植後の管理からお伝えする。

その第一歩として、ハウス内の環境を測定することをおすすめする。温度や湿度の他に、CO_2濃度や照度などの測定である。

ただし、環境測定は最終目的ではない。データを集めてから考えるというやり方では多くの時間と高い解析力と知識が必要になってしまう。

イチゴに限らず、植物の生育には理想の環境がある。誰でもそのイメージをもっていると思われるが、ハウス内が実際にその環境になっているのか、それは測ってみなければわからない。理想値とずれていれば近づけるように管理してみて、植物がどのように反応するかを観察する。仮説を立てて、実験してみて、修正する。これを繰り返すのに役立つのが環境測定である。

環境測定はあくまで収量と品質を向上させる手段のひとつである。新しいことに取り組み、成果を出すにはやはり行動が必要。知識は後からでもついてくるので心配はない。

最初に導入したいCO_2施用

最初に検討してもらいたい環境要因はCO_2である。私の経験上、もっとも効果的な環境制御技術はCO_2の施用である。CO_2は光合成の原料であり、多くのハウスではとくに冬季のCO_2が不足しているからである。

すでにCO_2発生装置を持っていて施用しているという方にも、その施用の仕

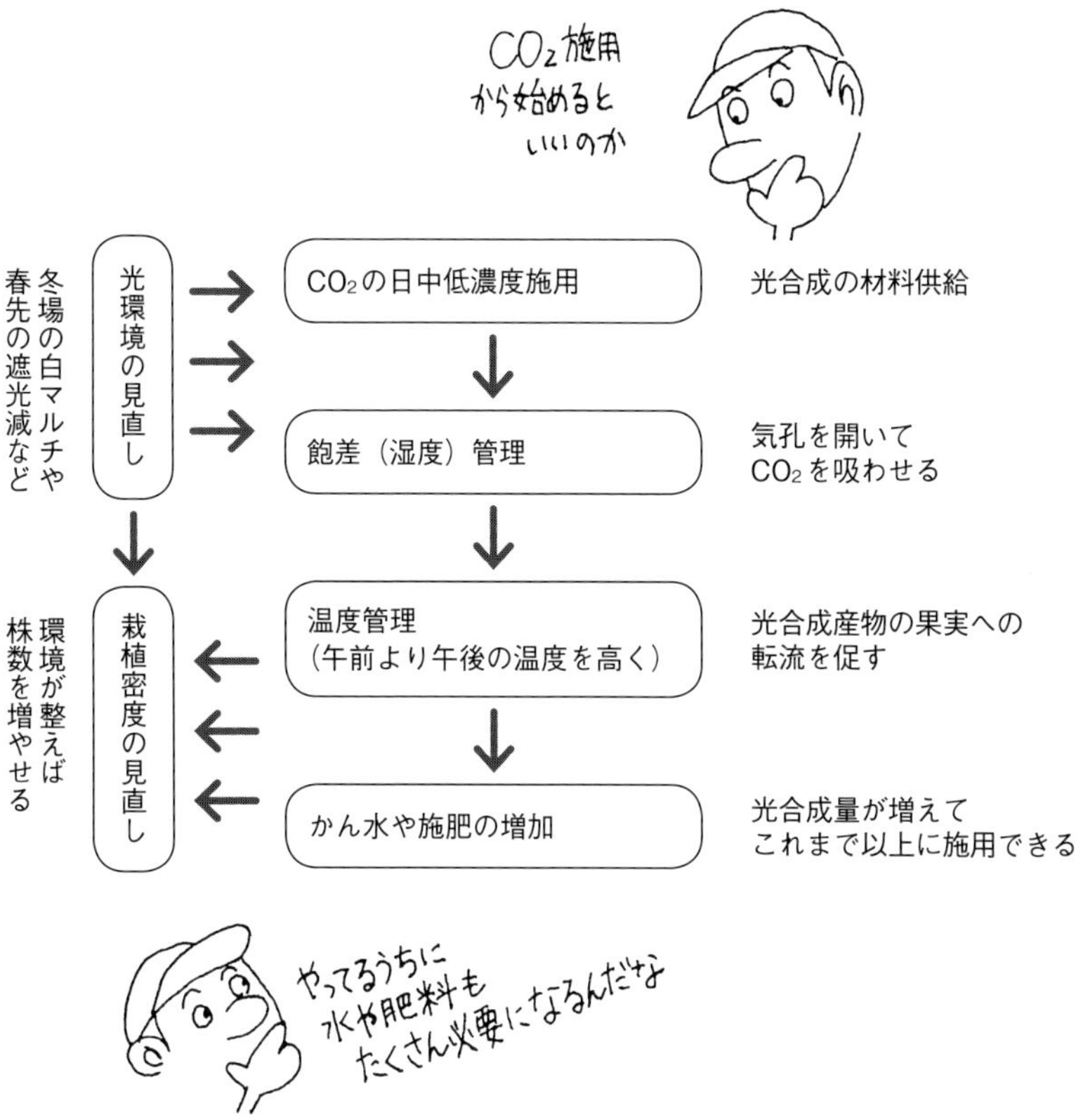

図2－1　環境制御の進め方

方を見直してもらっている。ポイントは日中施用である。日の出から日の入りまでの間、CO_2濃度が四〇〇ppm（大気の濃度）を下回らないようにする方法である。

今までよくいわれてきた、日の出前後の施用では効果は期待できない。その時間帯は植物自体が呼吸して出すCO_2で十分な濃度が保たれている。また、光合成には光が必要であり、日の出前にいくらCO_2があっても使われることはないからである。

とくにイチゴ生産者に多いのが、暖房と兼ねたCO_2施用である。しかし植物が熱を必要とする時間帯（夜）と、CO_2を必要とする時間帯（昼）は異なる。暖房とCO_2施用を同時に行なうという考えも一度忘れたほうがいい。

また、一〇〇〇ppmなど高濃度での施用もおすすめしない。換気窓が開くと一気にCO_2が逃げてしまうため、ムダで

写真２－１　日中の温度管理に最適な自動換気システム。４段の変温管理ができれば、午前と午後の温度を別々に設定できる

ある。四〇〇ppmほどの大気濃度と同等の低濃度施用なら、逃げてしまうCO_2はわずかである。

施用機を持っていない方には、施用機の導入をおすすめする（施用機は106ページ参照）。CO_2の日中施用は費用対効果が大きいため、元がとれる。ハウス内の日中CO_2濃度を測定してみれば、その必要性に気付くはずである。

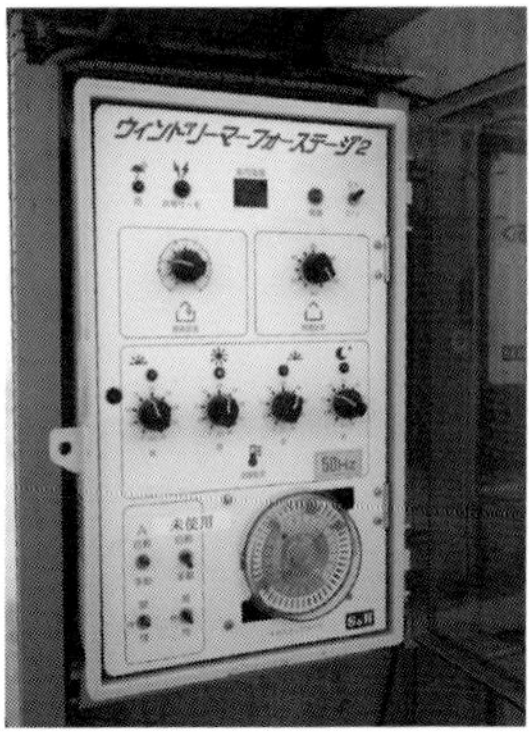

写真２－２　換気設定用パネル

飽差管理で気孔を開く、温度管理で転流を促す

次に考えることは、そのCO_2をイチゴの葉にしっかり取り込ませるための飽差（湿度）管理である。せっかくCO_2を施用しても、葉の気孔が閉じていては体内に取り込むことはできない（気孔を開かせる飽差管理については32ページ）。

CO_2施用と飽差管理で光合成量を増大させたら、次は、できた糖の転流や分配のための温度管理を行なう。

ここで注意したいのは、温度の見方である。ハウス内の最高・最低気温を測っている方が多いと思うが、これだけでは植物の生育反応を正確に示すことはできない。そこで、日平均気温や積算気温、さらに日中と夜間のそれぞれの平均気温とその差を把握したい。すると、温度に対する植物反応と温度管理に対する考え方が変わってくる。

飽差管理も温度管理も、日中の管理は主に換気によって管理する。パイプハウスでイチゴを栽培している生産者は、換気を手動で行なっている方が多い。昼間の温度を管理するには、ぜひ自動換気を検討したい。それも時間帯ごとに設定温度を変えられる四段変温制御が最適である。

写真２－３ ㈱誠和の環境制御ハウス。10a１万4500株で10.3ｔどり。株間20cmで２条植え

水や肥料を増やす必要が出てくる

CO_2濃度や温度、湿度などの環境が整ってきてイチゴの光合成量が増えてくると、水分の要求量も増えてくる。施肥量もバランスよく増やす必要が出てくる。さらには、光を最大限生かせるように、栽植密度の見直しも必要になってくる。

このようにCO_2施用をきっかけに他の環境要因も併せて変更していくことが大切である。それらの相乗効果で収量や品質がどんどん上がっていくのである。

以上のように一つの環境要因だけではなく、さまざまな要因が最適になるような管理を「統合環境制御」と呼んでいる。

栽培の中心は植物体の観察

オランダを訪れたとき、栽培コンサルタントに「栽培はシンプルに、論理的に考える。答えは植物を観察すればわかる」といわれ、共感した。

オランダでは多くの生産者が高度なコンピュータ制御をしているが、その管理は常に光合成の増大が基本。そして、栽培の中心はデータではなく植物体そのものの観察である。データを生かすことで、植物が見えてくるということもある。

ご存じのように、わが国にも環境制御のやり方を改善して収量を飛躍的に向上させた人がたくさん出てきている。たった三年間で収量が一・五倍になった人もいる。こういう人はますます仕事が楽しくなり、「来年はもっと収量が増える。やることはたくさんある」という。栽培のイメージが描けている証拠である。

2 CO_2施用――日中低濃度施用のすすめ

くり返すが、CO_2は水と同様、植物の光合成の原料となる。しかし無色無臭のため体感的に感じることができず、その存在や濃度には無関心となりがちである。

作物の光合成を高めて収量と品質を向上させるためには、CO_2を十分に供給することが必要になる。

ハウスではCO_2が足りない

そもそも、なぜハウス栽培ではCO_2の施用が必要なのだろうか。今一度、よく考えてみたい。

近年の大気中のCO_2濃度は約四〇〇ppmである。この濃度だと、一㎥の空気中に七九〇mgのCO_2が含まれていることになる。ハウス内のCO_2濃度が外気と同じだった場合、高さ三mのハウスでは一㎡に二三七〇mgのCO_2が含まれているのである。

たとえば、そこにトマトが育っているとする。トマトの葉が光合成によってCO_2を吸収する量は、収穫期のトマト全体では一時間に三g／㎡になる。一〇aのハウスでは一時間に三kgの吸収量となり、ハウス内のCO_2濃度が大気中と同じ四〇〇ppmだった場合、換気窓を閉めてハウスを密閉すると、ハウス内のCO_2はわずか四五分ほどで、すべてトマトに吸われてしまうことになる（ト

表2－1　CO_2濃度と生長量の関係（Nederhoff、1994）

○ 350ppmから450ppmへ 増加	→12% 増加
○ 600ppmから700ppmへ 増加	→4% 増加
○ 1000ppmから1100ppmへ 増加	→1.5% 増加
× 350ppmから250ppmへ 減少	→19% 減少

大気中のCO₂濃度（約400ppm）を下回ると、作物の光合成量は著しく落ちるのか

マトが呼吸しているため、実際にはハウス内のCO_2濃度がゼロppmとなることはない)。さらに、飽差管理(32ページ)などによって収量が増加したトマトでは、CO_2の吸収量は従来の倍、約六kg/m²まで増加する。

写真2－4　灯油燃焼方式のCO_2施用機

写真2－5　プロパンガス燃焼方式のCO_2施用機

写真2－6　液化CO_2ガス方式(生ガス)。CO_2発生方式には、液化CO_2ガス方式、灯油燃焼方式、プロパンガス燃焼方式がある。灯油とプロパンガスは熱が発生するので外気が暖かくなると使いづらいが、コストは安い。1kg当たり生ガスが150円に対し、灯油は28円、プロパンガスは40円ほど

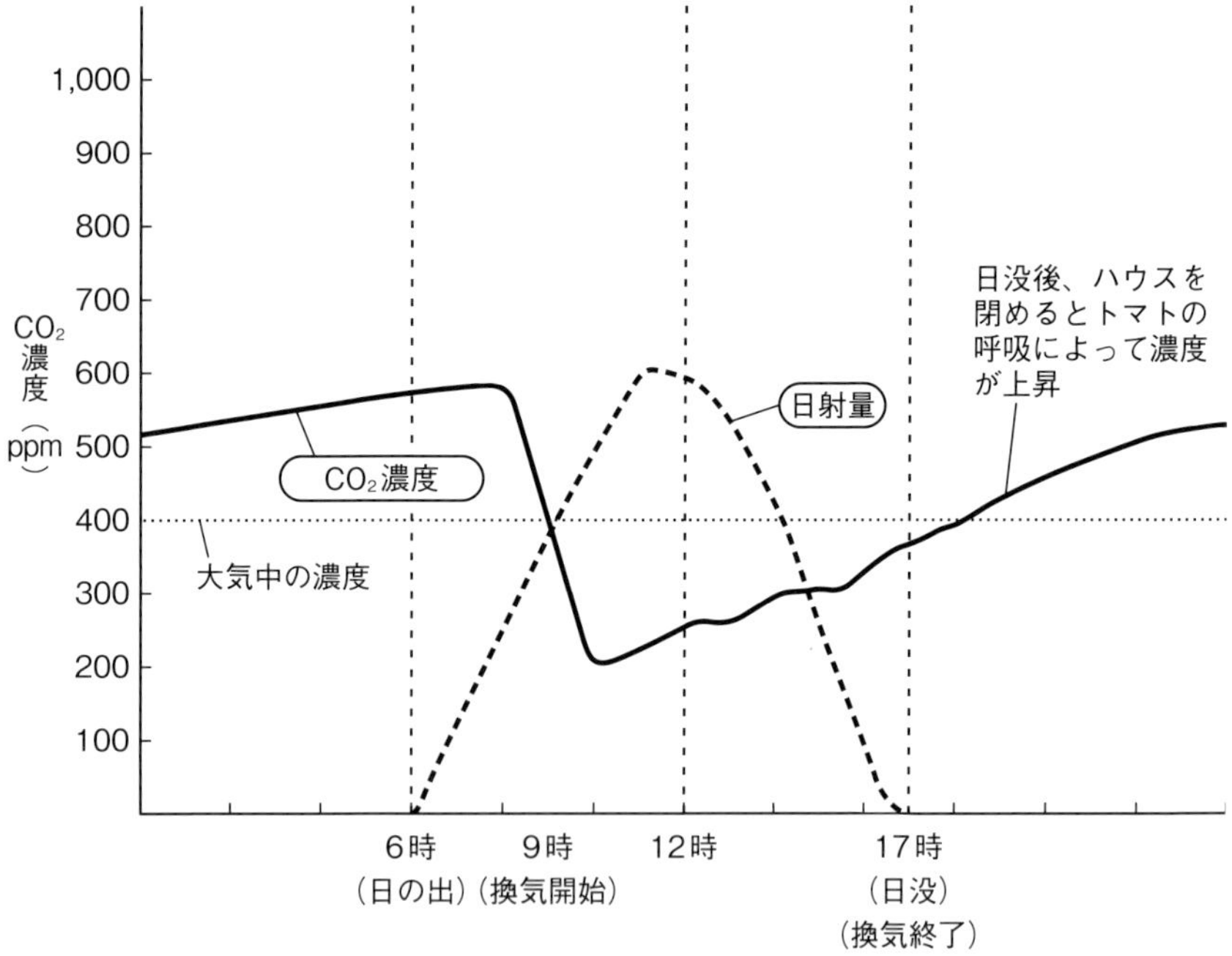

図2－2　CO_2を施用していないハウスのCO_2濃度（冬のトマト栽培）

日の出とともにトマトが光合成を開始。ハウス内のCO_2濃度は一気に低下する。換気を始めても、日没まで大気中の濃度より低いまま

換気をしていても、植物が活発に光合成する日中のハウス内CO_2濃度は二〇〇ppm程度まで下がる。測定すれば一目瞭然である（図2―2）。

植物の光合成量はCO_2濃度が大気濃度よりも少し低下しただけで著しく低下してしまうことがわかっている（表2―1）。換気の回数が減る冬のハウスではとくにCO_2の施用が必要だということがわかっていただけると思う。

日の出前のCO_2施用はムダ

「CO_2施用は必要だと思うが、過去に取り組んでみて効果を感じられなかった」という方も多いのではなかろうか。CO_2施用はやり方が重要なのである。

図2―3をご覧いただきたい。これまで広く普及してきた方法は、日の出の約三時間前から、換気を始める日の

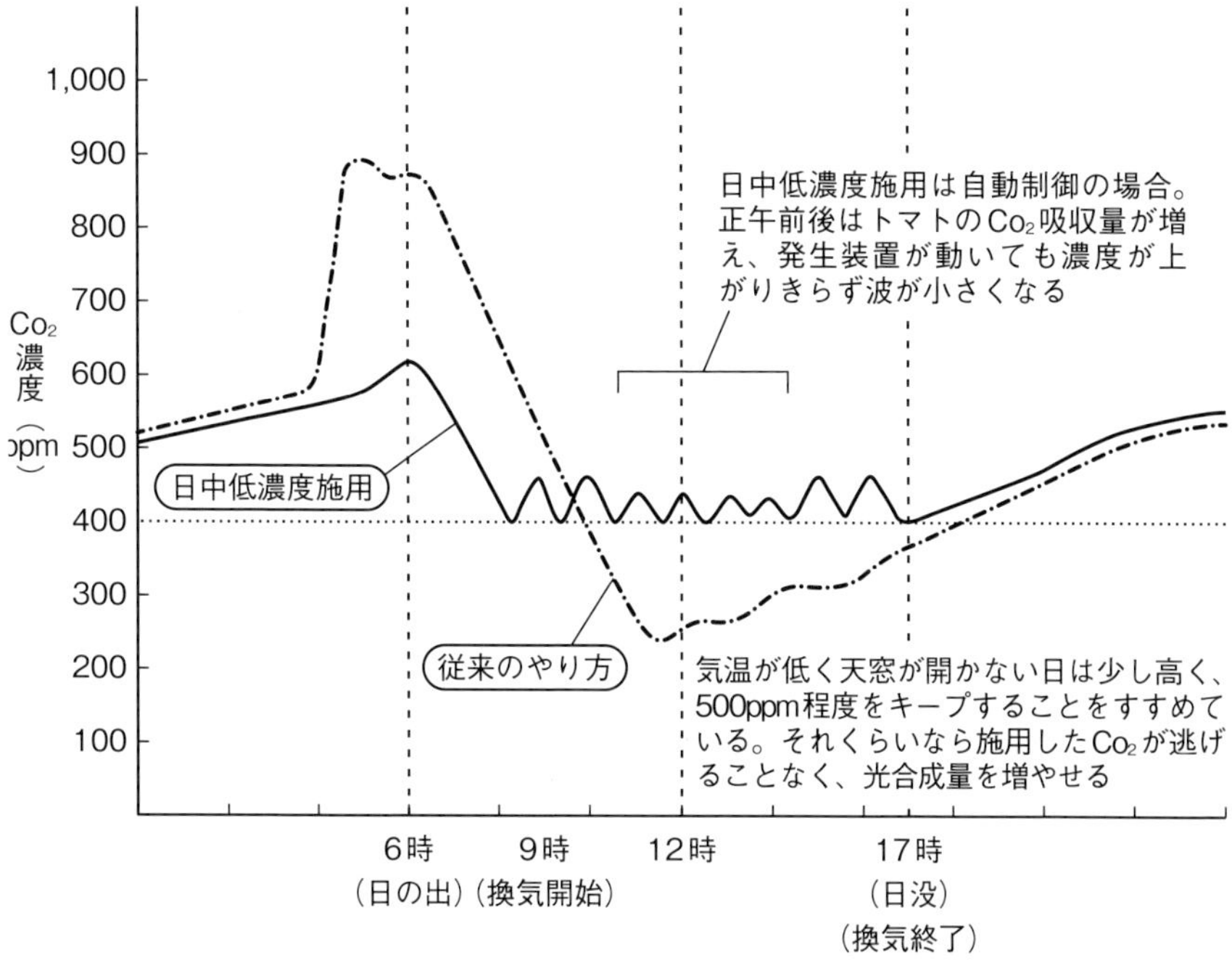

図2－3　従来のCO_2施用のやり方とおすすめしている日中低濃度施用

従来のやり方では、ハウス内のCO_2濃度が換気開始後でも大気中の濃度よりも下回ってしまう。日中低濃度施用ならムダが少なく、トマトの光合成量を落とさない。灯油使用量も減らせる

出後約二時間まで施用するやり方である。

しかし、ズバリ言う。このやり方では効果がない。このような施用をしているのは、世界中を探してもおそらく日本だけである。

まず、植物は光があるときのみ光合成をするので、日の出前にCO_2施用をすることは無意味である。日の出後に始まる光合成に備えてCO_2をハウス内に溜めておこうと考えている方もいるが、これはできない。ハウスの密閉性は思っているほど高くなく、ほとんどがハウス外に逃げてしまっている。そもそも、日の出直後は日射が弱いので、CO_2はそう多く必要はない。

高濃度施用も もったいない

植物の光合成がもっとも高くなるの

は、CO_2濃度が大気中の三～四倍、一〇〇〇～一五〇〇ppmのときだということが広く知られている。そこで、CO_2を施用する場合も一〇〇〇ppm程度まで高めようとする人がいるが、これも一度忘れたほうがいい。

一〇〇〇ppmに維持しようと管理しても、天窓が開いた瞬間にハウス内のCO_2濃度は外気と同じ四〇〇ppm程度まで一気に下がってしまう。CO_2がもったいないからと、日中の施用をやめてしまう方も多くいる。

日中低濃度施用がおすすめ

CO_2施用における基本的な考え方は、日射量によって施用量を変化させるということ。日射量が増えたら、つまり曇天日よりも晴天日、朝夕よりも正午に多く施用する。これは、光合成のもうひとつの原料、水の場合もまったく同じである。

そこでおすすめなのが、日の出から日の入りまでの日中、CO_2濃度を四〇〇ppm以下にしないよう、積極的に施用する方法である（図2―3）。CO_2を施用しないと、冬季の正午前後のCO_2濃度は二〇〇ppm程度まで下がってしまうが、これを大気中と同じ濃度、四〇〇ppm以下にならないように維持するやり方である。

低濃度施用ならば高濃度を維持する方法と違い、換気をしてもCO_2が外に逃げることはない。施用したCO_2のほとんどが確実に光合成に利用される。CO_2がハウスの外に漏れるのは、理論上、ハウス内のCO_2濃度が外気よりも高い場合だけなのである。この日中低濃度で施用する方法は、ゼロ濃度差CO_2施用とも呼ばれている。

ダクトから施用する

また、CO_2は空気よりも一・五倍重い気体であるため、ハウス内では下のほうに溜まると考えている方もいるが、そのようなことはない。CO_2は濃度差によって拡散している。そのため、換気中でも均一にCO_2を施用するには小さな穴の開いたダクトをウネごとに設置し、換気窓からいちばん遠い地表面付近から施用する方法が望ましい。

施用時間は日没直前まで。植物の光合成は午前中が中心であって、午後のCO_2施用は必要ないという考え方もある。午後のCO_2吸収は減るという、いわゆる昼寝現象のせいだといわれる。この原因の一つは葉に糖が蓄積するためである。そこで、昼寝現象が起きないよう、午前より午後の温度を高くして転流を促すような温度管理が重要になる（温度管理については38ページ）。

CO_2の経費は回収できる

CO_2濃度が四〇〇ppmを下回らないような管理とはつまり、前述したように、反当たり一時間に三kgのCO_2を供給するということである。

この経費を計算してみよう。灯油を一ℓ燃焼させると約二・五kgのCO_2が発生する。プロパンガスの場合は一kgでCO_2約三kg。CO_2を一時間に三kg発生させるには、灯油なら一・二ℓ必要で、約一〇〇円程度の経費となる。

日中低濃度施用を六カ月間続けた場合の経費は一〇a当たり約一五万円である。トマトであれば、二～三％程度の増収で元がとれるはずで、増えた経費は十分に回収可能である。

土壌からも発生するCO_2

いっぽう、CO_2の発生源は灯油やプロパンガスだけではない。もうひとつの供給源として土がある。土耕栽培の場合、土壌や堆肥には微生物がいて、人間と同じように呼吸してCO_2を排出しているのである。

ただし、微生物由来のCO_2は、栽培期間中に必要な量の一〇％程度と思われる。日中のCO_2濃度を測定してみて、四〇〇ppmを下回っているようならば、やはりCO_2施用が必須である。

オランダでは天然ガスを利用

ここで紹介した考え方と方法は、オランダをはじめとする欧州では一般的に行なわれている。

オランダではCO_2の供給源に、天然ガスを燃料とした温湯ボイラーやガスエンジンの燃焼ガスを利用している。日中に天然ガスを燃やしてハウス内に供給し、同時に発生する熱をお湯として蓄熱タンクに保存し、暖房や除湿が必要となる夜間に利用している。ガスエンジンの場合は電気も発生するので、補光に利用したり売電したりしている。

残念ながら、わが国でこれまで行なわれてきたCO_2施用には大きな誤解があったと考えるべきである。物理的・植物生理的視点から施用方法をもう一度検討すれば、増収や品質向上に大変効果的な技術になる。

事例❶

暖房機のダクトを利用したCO_2施用でトマト三〇tどり

栃木県壬生《みぶ》町・小島高雄さん、寛明さん

小島寛明さんはお父さんの高雄さんの頃に一〇a一五tだったトマトの収量を三〇tまで飛躍的に増やしている。高雄さんのていねいな管理に加えて高軒高ハウスを建て、作型も「九月末定植で年明けから六月まで収穫」から「八月定植で十月から七月まで収穫」に変え、環境制御に取り組んだ結果である。制御の内容は、CO_2施用をはじめ、温度管理の見直し、光合成を高める飽差管理、受光量を増やす白黒マルチの利用や主枝本数管理など。

写真2－7　小島氏のトマトハウス。CO_2は暖房機のファンに吸わせてダクトで施用している。発生装置はプロパンガス式（㈱バリテック新潟のタンセラ）と灯油式の両方を使う

写真2－8　ダクトは２条ウネの間に置いて作業の邪魔にならないようにしている

寛明さんが環境制御に関心をもったきっかけがCO_2。ハウスでCO_2濃度を計測すると、光合成が抑制される濃度まで低下していたことなどから、ハウスの環境に強く興味を抱いたそうである。

現在はプロパンガスと灯油を燃焼させて、日中に外気濃度と同程度の四〇〇ppmで反当たり一時間最大七・三kg施用している。施用法は上の写真のように、プロパンガスを燃焼させて得たCO_2を暖房機に吸い込ませ、暖房機の送風ダクトをウネ間に置いて株元に施用するやり方。日中施用のため、収穫や管理作業中にダクトが膨らむと作業の邪魔になるので、二条ウネの間にダクトを通している。作業の邪魔にならない上にCO_2の拡散ムラをなくす工夫である（松本、二〇一四）。

事例❷

日中低濃度施用の導入でナス二〇%増収

高知県安芸《あき》市・植野進さん

14ページで紹介した植野さんのCO_2施用法も、日中低濃度施用である。

図2―4でわかるように、厳寒期にCO_2を施用しないハウスでは日中のハウス内のCO_2濃度は大気濃度より低いことが明らかであり、光合成速度が低下しているであろうことがわかる。

植野さんは「灯油燃焼式CO_2発生機」「灯油燃焼式熱風ヒーター」とCO_2コントローラを使って、日中四〇〇ppmを切らないように制御している。

施用期間は当初、十一月九日から三月二十日としていたが、目に見える効果があったことや施用終了後に樹勢低下が顕著だったことから、その後は十月二十日から五月七日までと施用期間を長くしている。

植野さんは高品質なナス生産のためには日中の湿度が特に重要と考えて、地域の平均に比べて湿度を高めに管理している。

その結果、植野さんのナスは樹勢が強まり、着花数が増え、着花周期も早まって二〇%の増収となったのである（新田、二〇一四）。

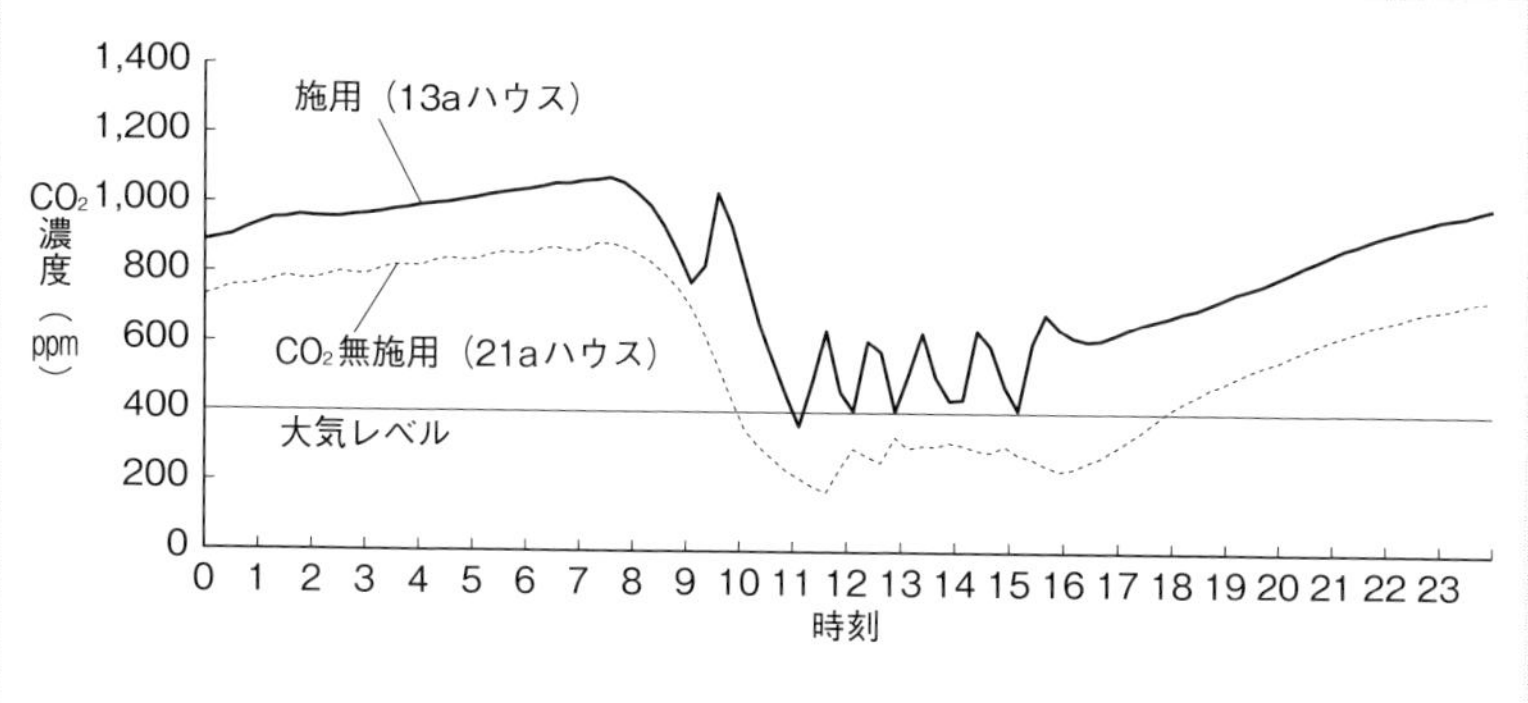

図2－4　25園芸年度のCO_2濃度の推移（12月24日、天候：晴れ）

CO_2施用：13aハウスにおいてネポン社製CO_2発生機（CG554T2）およびCO_2コントローラを用いて、換気開始前には900ppm前後を維持し、換気開始後には400ppmを下回らないように制御した

3 作物の気孔を開かせる飽差管理

湿度を意識的に管理することは、植物の気孔の開閉と病害発生をコントロールする上でとても大切である。

オランダの環境制御では、光合成には温度より湿度のほうが重要と考えられているくらいである。投入するエネルギー量（燃料）のうちトマトでは約二〇％、バラでは約三〇％が湿度管理（除湿）のために利用されているほどである。

湿度は飽差でみる

私たちが生活の中で湿度〇〇％という場合、その湿度は「相対湿度」（表2―2）を指している。しかし、作物栽培の場で湿度をみるときには「飽差」を用いることをおすすめする。

植物の蒸散には空気の「飽和水蒸気量」と、空気中に含まれている水蒸気の量（「絶対湿度」）との差（「飽差」）、つまり空気中にあとどれくらい水蒸気が入る余地があるかが影響するからである。飽和水蒸気量は温度によって増減するため、ハウスの湿度は温度との関係で考えなくてはいけない。

植物の気孔が開いて水分を空気中に蒸散したり、CO_2を吸収するには、三～六（g／㎥）程度の飽差が適しているといわれている。くり返しになるが、植物は葉からCO_2を、根から水を取り込み、太陽からの光をエネルギーとして利用することで光合成産物（糖）を合成し生育している（図2―5）。これが光合成である。多収を目指すには、十分なCO_2と十分な水を供給することが欠かせず、植物がCO_2を吸うためには葉の気孔が開いている必要がある。適切

表2－2　湿度に関する用語と意味

用語（単位）	意味
絶対湿度（g/㎥）	空気中に含まれている水蒸気の量
飽和水蒸気量（g/㎥）	空気が含むことができる水蒸気の最大量。温度が高いほど多くなる
相対湿度（%）	飽和水蒸気量に対してどれくらい水蒸気が含まれているかの割合
飽差（g/㎥）	飽和水蒸気量から絶対湿度を引いた差。空気中にあとどれくらい水蒸気が入る余地があるか
露点温度（度）	空気中の水蒸気が凝結する温度。ハウス内の温度と湿度によって変わり、フィルムや作物体の温度が露点よりも低いと結露が生じる

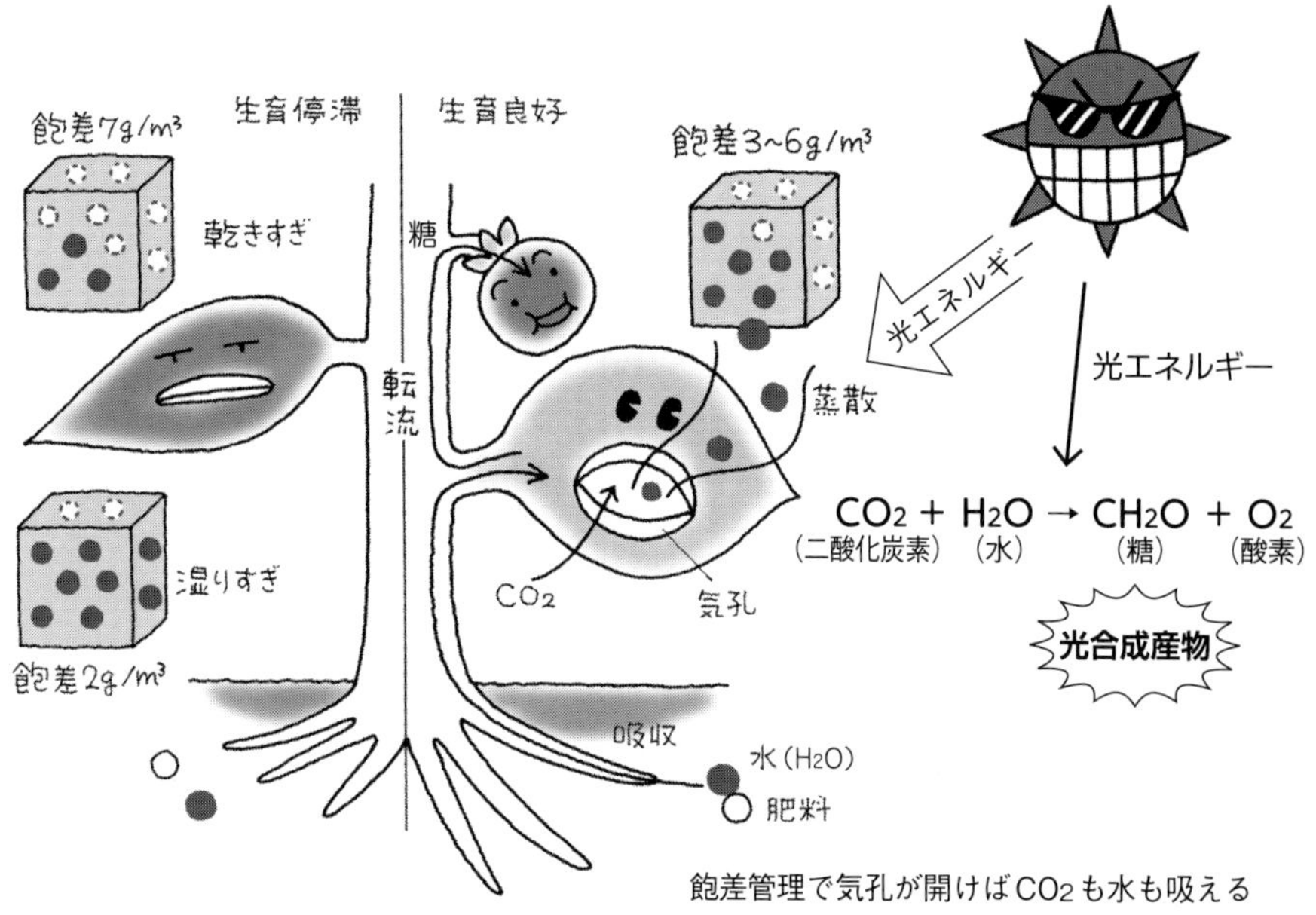

図2－5　作物の生育と飽差

適度な湿度（飽差3～6g/㎥）のときは作物が気孔を開き、水分を蒸散したり、CO_2を吸収したりして光合成が高まる。乾きすぎ（飽差7g/㎥）のときには作物が気孔を閉じ、湿りすぎ（飽差2g/㎥）のときは蒸散ができなくなる

な飽差管理とは、植物の気孔を開き、十分にCO_2を吸わせるための技術なのである。

湿度を維持する換気のワザ

飽差という視点でみたときに感じるのは、とくに冬場の日中のハウス内は乾きすぎているということである。

ハウスを潤す方法は大きく二つ。ミスト装置での過湿と、植物の蒸散による水蒸気を保持する換気法である。

ミスト装置で加湿する場合、植物体が濡れないような方法が必要で、装置にはコストがかかる。

植物の蒸散による水蒸気を保持するには、換気窓から逃げないようにすればいい。冬場のトマトは一時間に一〇a当たり三〇〇ℓ程度の蒸散をしている。この量はハウス内の飽和水蒸気量

表2－3 「ちょっと換気」で飽差を徐々に大きくする（春）

	50%	55%	60%	65%	70%	75%	80%	85%	90%	95%
16℃	6.4	5.7	5.1	4.5	3.9	3.2	[illegible]	1.9	[illegible]	0.6
17℃	6.8	6.1	5.5	4.8	4.1	3.4	[illegible]	2.0	1.3	0.7
18℃	7.2	6.5	5.8	5.0	4.3	3.6	2.9	2.2	1.5	0.7
19℃	7.7	[illegible]	6.2	5.4	4.6	3.9	3.1	2.3	1.5	0.8
20℃	8.2	7.4	6.6	5.7	4.9	4.1	3.3	2.5	1.6	0.8
21℃	8.7	7.8	6.9	6.1	5.3	4.3	3.5	2.6	1.8	0.8
22℃	9.2	8.3	7.4	6.5	[illegible]	4.6	3.7	2.8	[illegible]	0.9
23℃	9.9	8.8	7.8	6.9	5.9	4.9	3.9	2.9	2.0	1.0
24℃	10.4	9.4	8.3	7.3	6.3	5.3	4.2	3.2	[illegible]	[illegible]
25℃	11.1	10.0	8.9	7.8	6.7	5.5	[illegible]	3.4	2.2	1.1
26℃	11.8	[illegible]	9.4	[illegible]	[illegible]	5.9	4.7	3.5	2.4	1.2
27℃	12.5	11.2	9.9	8.8	7.5	6.2	5.0	3.8	2.5	1.3
28℃	13.2	11.9	10.6	9.2	7.9	6.7	5.3	4.0	2.7	1.3
29℃	14.0	12.6	11.2	9.8	8.4	7.0	5.6	4.2	2.8	1.4
30℃	14.8	13.4	11.9	10.4	8.9	7.4	6.0	4.5	2.9	1.5

換気開始（換気幅20%）
6時 日の出
飽差が徐々に上昇
気孔が閉じない
10時
10時
換気開始（換気幅30%）
飽差が一気に上昇
気孔が閉じる
11時

○日の出前からちょっとずつ換気すれば飽差がなだらかに大きくなる
×10時頃、いきなり大きく換気すると飽差が急激に大きくなる
午後に飽差が10程度になっても問題ない。ただし、急に大きくなると気孔を閉じてしまう

の四倍以上ともなる。

換気窓を閉めきれば温度が上がりすぎるので、当然開けることになるが、その開け方にポイントがある。風向きや風速、外気温により、換気窓の開閉感度や開度を調節してやるのである。天窓が左右にある場合は、風上の天窓は閉め、風下の天窓を中心に換気を行ない、乾燥した空気が直接ハウス内に入らないようにするとよい。天窓換気ではなく谷換気の場合は、風上より風下のほうの換気幅を狭くするなど、風上と風下で換気幅を変えるとよい（37ページ）。

急激な湿度変化をさせない

換気窓が急激に開きすぎないように設定することも大切である。植物は急激な湿度変化でストレスを受けると、気孔が一瞬にして閉じてしまう。一度閉じた気孔は数時間開かない。

空気が乾燥しているときに換気をして、作物をしおれさせてしまった経験はないだろうか。それは、乾燥した空気が大量にハウス内に入り、飽差が急上昇して気孔が閉じたことが原因である。

春、日の出時の外気の飽差は二程度で、日中は一〇～一五まで上がる。それなのに露地栽培のトマトがしおれないのは、ハウス内ほど急激な湿度変化がないからである。ハウスの換気も、

急激な湿度変化が起きないように、少しずつ開放することが重要である。

　また、その逆も禁物。最適な飽差が三〜六程度だというと、常にミスト（細霧）を噴霧して飽差を保とうとする方がいるが、これには注意が必要である。植物は常に快適な飽差環境におかれると怠けてしまい、根を伸ばさなくなる。すると、ミストを切った途端にしおれたり、徒長してしまう場合がある。湿度も温度と同様、一日の中で変化をさせる必要がある（表2—3）。

朝の温度を徐々に上げれば病気も怖くない

　湿度を上げるというと、病気を心配される方も多いと思う。確かに果実への結露は灰色カビ病などの原因となるが、露点温度（露点）を理解した温度管理をすれば予防できる（図2—6）。

　春先のハウス内の気温は日の出後に急激に上昇するが、果実温度は比熱の違いで気温よりゆっくりと上昇する。このとき、気温と果実温度の差が大きくなって、果実表面の温度が露点を下回ると結露が発生する。収穫直前の果実で灰色カビ病が発生しやすくなるのは、大きな果実ほど温度が上昇しにくいためである。

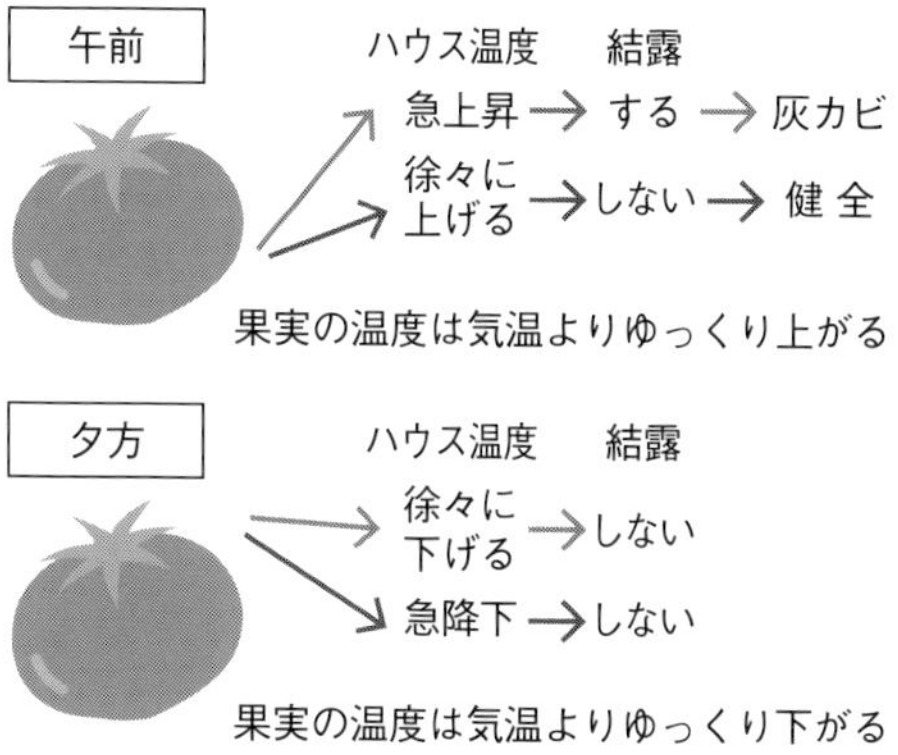

図2−6　温度管理と灰色カビ病の発生

　たとえば、気温二二度、相対湿度八五％のときの露点は一九・四度。つまり果実温度が気温より二・六度低いと結露が発生する。そこで、日の出三〜四時間前から温度を徐々に上げるようにする。上げる温度を一時間に三度（できれば二度）以内にすれば果実の結露は回避できるのである。

　いっぽう、夕方に気温を一気に下げて湿度を高める変温管理でも結露や病気の心配をする方がいる。しかし植物体温は日射で暖められているため気温よりも高く、高湿度下でも結露は発生しない。病害発生の危険性は低い。

こまめなわずかな換気が大事

　とはいえ、低温期で換気回数が減ると湿度が高くなり、除湿が必要になる。植物の蒸散量は思っている以上に多く、ハウス内の飽和水蒸気量をすぐに満たしてしまう。

空気の飽和水蒸気量は、気温二〇度で一七・三（g／㎥）。トマトを高さ四m、一〇〇〇㎡のハウスで栽培している場合、ハウス内の飽和水蒸気量は約七〇ℓとなる。冬の晴天日、トマトの蒸散量は一時間に朝一〇〇ℓ、日中は三〇〇ℓ以上。これは飽和水蒸気量に対して朝で約一・五倍、日中では約四倍にもなる。

夜間の湿度を抜くため、夕方数分間、換気窓を大きく開ける方法もあるが、換気窓を閉めた瞬間に湿度は元に戻ってしまう。夜間の湿度を下げるには、継続したこまめな除湿（換気）が必要である。

表2－4　飽差表

この表の灰色部分を維持するように温度、湿度管理するとよい

飽差表（g／㎥）

温度＼湿度	40%	45%	50%	55%	60%	65%	70%	75%	80%	85%	90%	95%
8℃	5.0	4.6	4.1	3.7	3.3	2.9	2.5	2.1	1.7	1.2	0.8	0.4
9℃	5.3	4.9	4.4	4.0	3.5	3.1	2.6	2.2	1.8	1.3	0.9	0.4
10℃	5.6	5.2	4.7	4.2	3.8	3.3	2.8	2.4	1.9	1.4	0.9	0.5
11℃	6.0	5.5	5.0	4.5	4.0	3.5	3.0	2.5	2.0	1.5	1.0	0.5
12℃	6.4	5.9	5.3	4.8	4.3	3.7	3.2	2.7	2.1	1.6	1.1	0.5
13℃	6.8	6.2	5.7	5.1	4.5	4.0	3.4	2.8	2.3	1.7	1.1	0.6
14℃	7.2	6.6	6.0	5.4	4.8	4.2	3.6	3.0	2.4	1.8	1.2	0.6
15℃	7.7	7.1	6.4	5.8	5.1	4.5	3.9	3.2	2.6	1.9	1.3	0.6
16℃	8.2	7.5	6.8	6.1	5.5	4.8	4.1	3.4	2.7	2.0	1.4	0.7
17℃	8.7	8.0	7.2	6.5	5.8	5.1	4.3	3.6	2.9	2.2	1.4	0.7
18℃	9.2	8.5	7.7	6.9	6.2	5.4	4.6	3.8	3.1	2.3	1.5	0.8
19℃	9.8	9.0	8.2	7.3	6.5	5.7	4.9	4.1	3.3	2.4	1.6	0.8
20℃	10.4	9.5	8.7	7.8	6.9	6.1	5.2	4.3	3.5	2.6	1.7	0.9
21℃	11.0	10.1	9.2	8.3	7.3	6.4	5.5	4.6	3.7	2.8	1.8	0.9
22℃	11.7	10.7	9.7	8.7	7.8	6.8	5.8	4.9	3.9	2.9	1.9	1.0
23℃	12.4	11.3	10.3	9.3	8.2	7.2	6.2	5.1	4.1	3.1	2.1	1.0
24℃	13.1	12.0	10.9	9.8	8.7	7.6	6.5	5.4	4.4	3.3	2.2	1.1
25℃	13.8	12.7	11.5	10.4	9.2	8.1	6.9	5.8	4.6	3.5	2.3	1.2
26℃	14.6	13.4	12.2	11.0	9.8	8.5	7.3	6.1	4.9	3.7	2.4	1.2
27℃	15.5	14.2	12.9	11.6	10.3	9.0	7.7	6.4	5.2	3.9	2.6	1.3
28℃	16.3	15.0	13.6	12.3	10.9	9.5	8.2	6.8	5.4	4.1	2.7	1.4
29℃	17.3	15.8	14.4	12.9	11.5	10.1	8.6	7.2	5.8	4.3	2.9	1.4
30℃	18.2	16.7	15.2	13.7	12.1	10.6	9.1	7.6	6.1	4.6	3.0	1.5

濃い灰色の部分が最適な飽差。薄い灰色は許容範囲。飽差が7以上となっても問題ないが、急激な変化はダメ

事例❸

飽差値を目安に緩やかな換気に

熊本県八代市・橘正光さん

飽差管理といっても、うまく理解ができないという人も多いだろう。八代の冬春トマトの草分けの一人である橘さんも環境制御導入一年目の管理は例年どおりで、とりあえず温度や湿度を測ることから始めた。それでわかったのが、これまでの冬のハウス管理では日中の湿度が低く、三～六という理想の飽差の値からは外れているということだったそうである。

当時の橘さんの日中設定温度は二四～二五度で、湿度は六〇～七〇％以下。飽差は七以上となっていた。病気が怖いから、湿度はなるべく抜こうとしていたそうである。

そんな橘さんが二年目、谷換気のやり方を変えた。ハウスを閉める十一月から日中の湿度を八〇～八五％（気温二八度で飽差は四～五・三になる）キープを目標に、図2－7のように換気幅を小さくした。開ける時間も減らし、朝一六度になれば換気する設定だったのを一八度設定にし、日中も二四～二五度設定にしていたのを二八度設定にし、午後三時になったら換気窓を閉めるようにしたのである。さらにかん水回数も週に二回程度に増やし、循環扇は二四時間回しっぱなしにした。

これらの結果、とくに病気が増えることもなく、例年一五～一六tだった収量は一八～一九tまで伸びたのである。

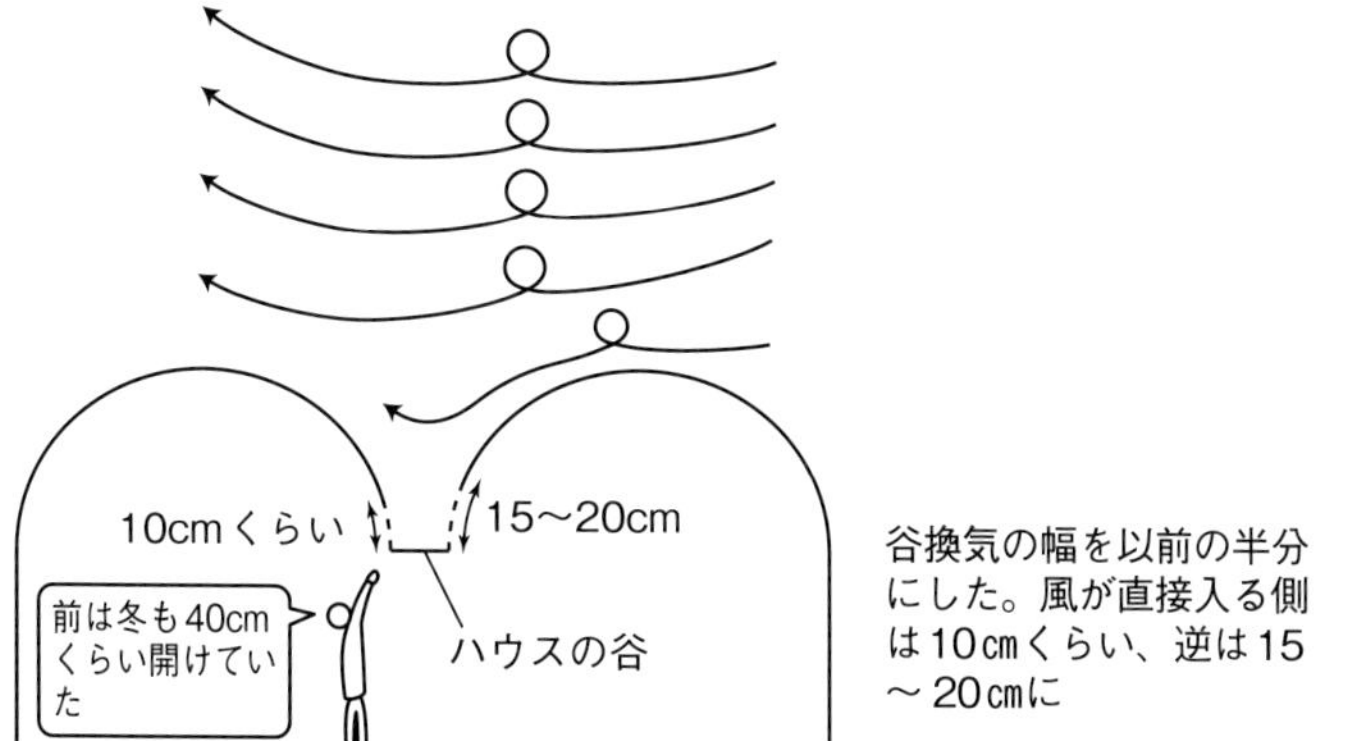

谷換気の幅を以前の半分にした。風が直接入る側は10㎝くらい、逆は15～20㎝に

図2－7　橘さんの谷換気のやり方

4 トマトの生理に合わせた温度管理

ここで紹介する温度管理方法は、これまで国内で行なわれてきた方法とは大きく異なる。というよりも、まったく逆の管理である。しかしトマトをはじめとする果菜類においては、このような変温管理が世界標準である。

国内においても、早い人では五年ほど前からこの管理で収量を飛躍的に向上させている。作物もトマトをはじめ、キュウリ、ナス、ピーマン、イチゴ、バラなどで広がっている。

温度管理のみでは収量は増えない

はじめに、植物の営みについておさらいする。植物はCO_2と水を原料に、光をエネルギーにして光合成を行ない、糖（同化産物）をつくる。糖の一部は呼吸により燃焼され、植物体維持のために利用される。残りの糖は生長点や果実、根に送られ（転流）、細胞分裂によって新しい葉や花芽の器官をつくり、細胞伸長により大きくなるための材料となる。

こうした植物の営みに温度はどのようにかかわっているのだろうか。

わかりやすくいえば、葉や花などを発生させるのが温度で、それらを大きく育てるのが主に光ということになる（図2―8）。

さらにいうと、葉や花など新しい器官が発生することを「発育」といい、光合成により葉や果実が肥大することを「生長」という。発育には主に温度が関係し、生長には主に光、そしてCO_2、水、温度が関係するのである。

温度はすべての過程に影響するが、温度が光合成速度に及ぼす影響は限定的で、一七～二四度の広い範囲で変わらないとされている。生長には温度のほか光や水、CO_2が大きく影響するため、温度のみを制御しても収量は増えない。

トマト栽培における温度管理は、葉や花を発生させる発育、同化産物の転流・分配、果実の着色、呼吸および植物体バランス（栄養生長・生殖生長）を制御するために行なうのである。

日平均気温で管理しよう

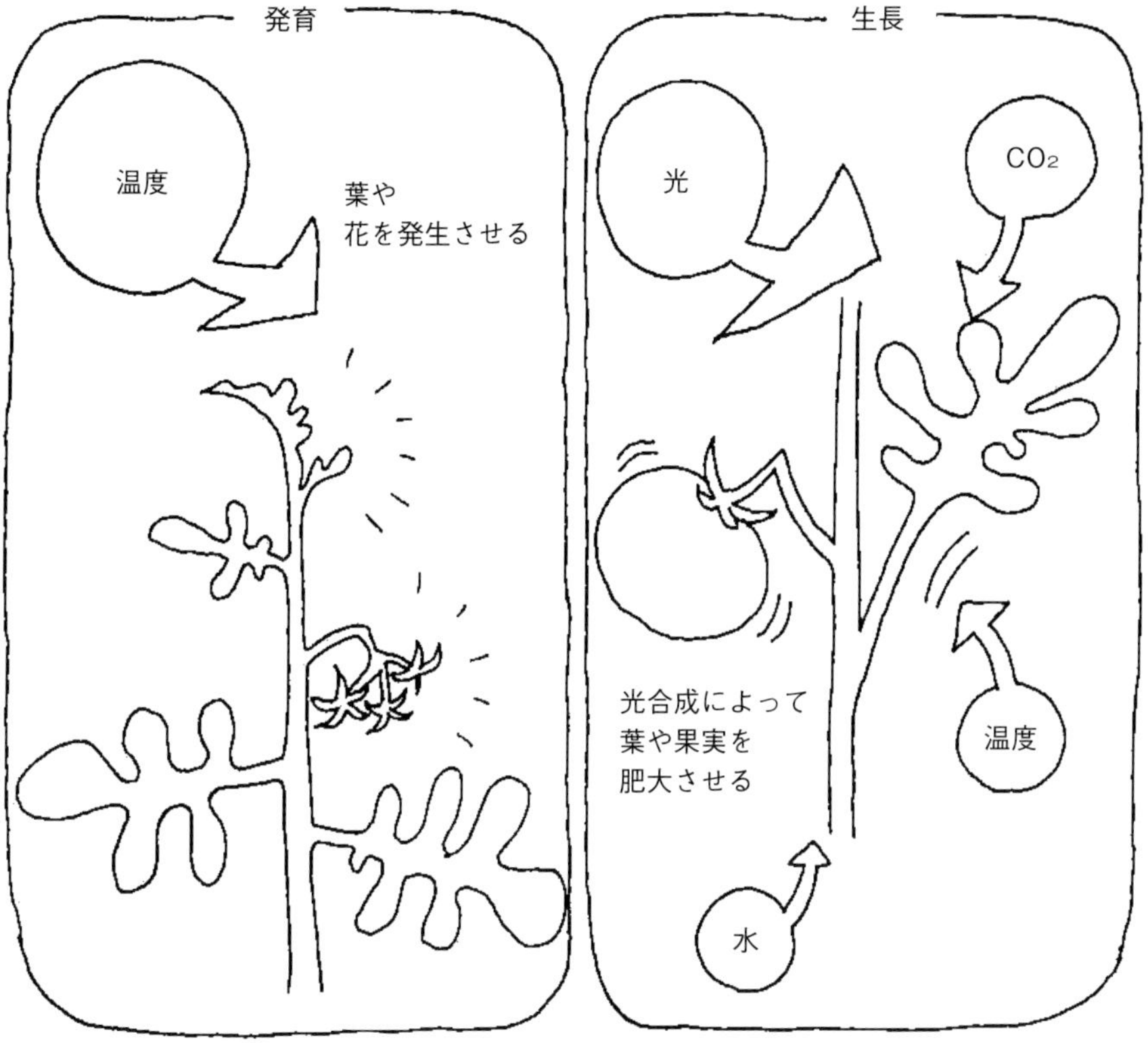

図2－8　植物の生長と温度

施設内温度を表わすときにはしばしば最高・最低気温が使われるが、施設栽培では時間帯ごとに温度を変えるため、この数字では植物の生育反応を正確に示すことはできない。そこで「平均気温」を使うことをおすすめする。

一日の平均気温を意味する「日平均気温」は、施設内の気温をある程度の間隔（できれば一分間隔）で測定し、平均を求めた値である。

日平均気温がわかると積算気温が計算できる。積算気温とは日平均気温をある基準の日から合計したもの。たとえばトマトは開花後約一〇〇〇度日で着色するので、日平均気温が二〇度なら五〇日で収穫できることがわかる。

時間帯別の平均気温を記録すると、日の出から日の入りまでの日中と日の入りから日の出までの夜間の温度差（ＤＩＦ）の操作によって、植物体のバランス制御も可能である。

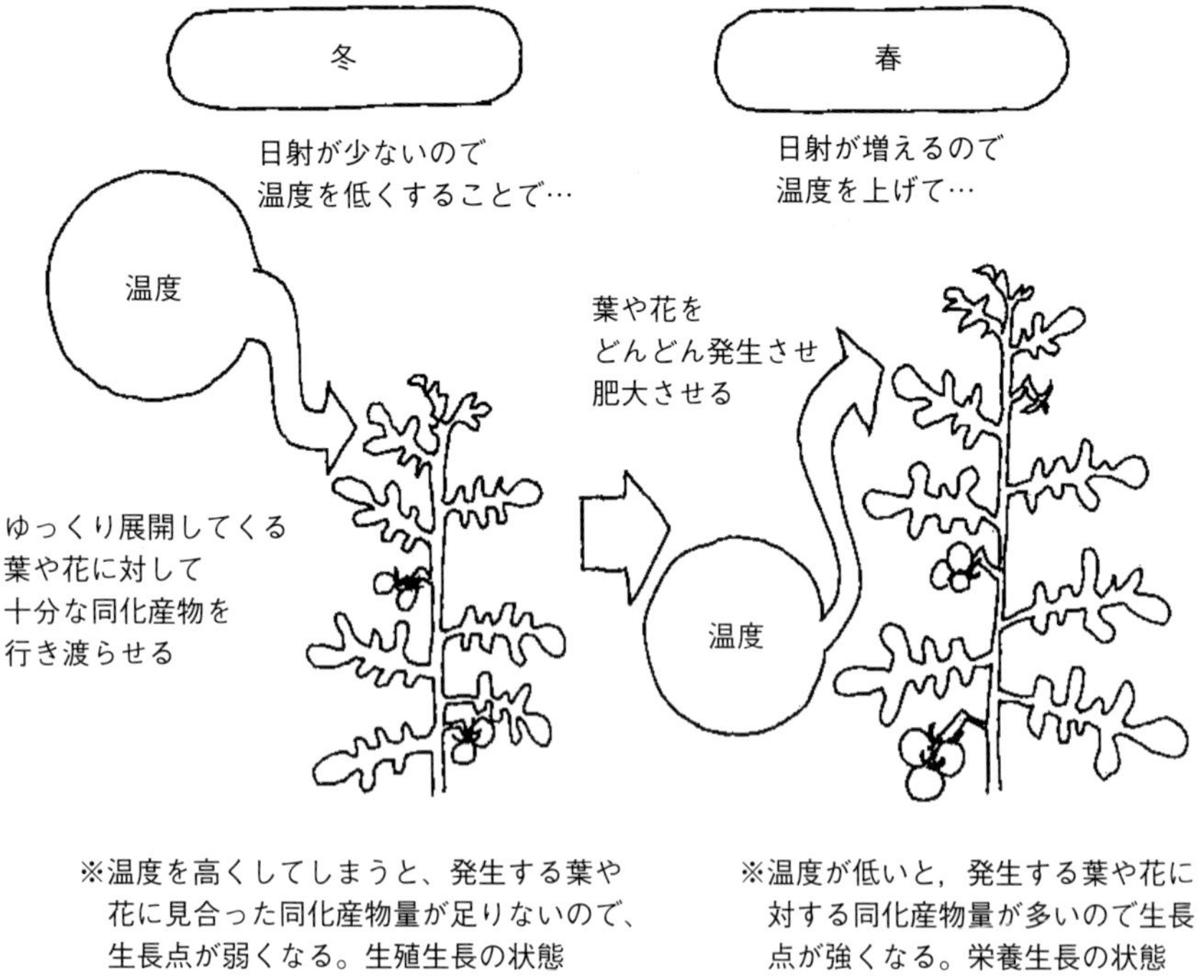

図2－9　温度管理の考え方

日射量が少ない冬は設定温度を低く

次に、温度管理の考え方について説明しよう（図2―9）。

まず、トマト栽培での温度（日平均気温）は日射量（光）に応じて決定する。先述したとおり、生長は光の総量により決定し、発育は温度に依存する。そこで、日射が少なくなる冬期は春よりも温度を低くすることで発育速度を低下させ、展開してくる葉や花房への十分な同化産物量を確保する。そして春に日射量が増えて光合成速度が増大した頃に、温度を上昇させ発育速度を増大させる。

日射量が少ないのに温度が高いと、発育速度や呼吸速度が増大し、植物を消耗させることになる。また同化産物が葉より果実へ多く分配されるように

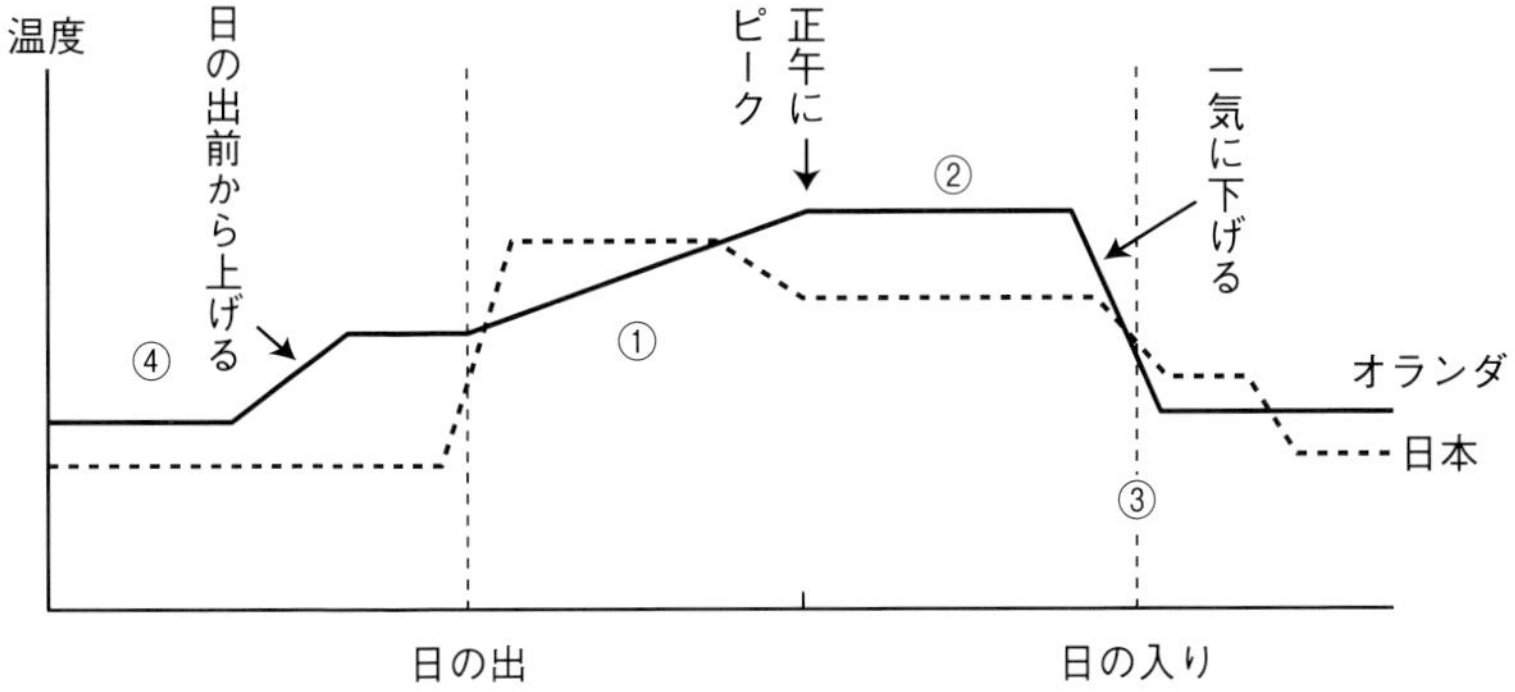

図2―10　光合成と転流分配を重視した変温管理のイメージ

なり、生長点での利用割合が減って生長点が弱くなる。いわゆる「生殖生長」の状態である。

いっぽう、日射に対して日平均気温が低いと、発育と果実の肥大や着色速度を低下させることになり、生長点が強くなる。「栄養生長」の状態である。

このように、日射量に応じて日平均気温を制御することで、植物のバランスを調整することができる。

変温管理のやり方

では、一日の変温管理方法について紹介したい（図2―10）。

（1）午前中の温度は日射に比例して徐々に上げていく。たとえば、午後一時に日射がもっとも強くなる場合、その時間に温度をもっとも高くする。（2）その後、日射量は減るが、温度は日の入り三〇分前ぐらいまで高いまま維持する。（3）日の入り前後の三〇～九〇分の間に温度を一気に下げる。できれば六度程度下げる。（4）夜温は、日の出三～四時間前から徐々に上げて、日の出時に光合成の適温にする。

なぜこのような変温管理をするのか。以下にその理由とポイントをまとめる。

▼日の出を一七度以上で迎えて、徐々に上げていく

日の出時の温度は光合成適温の一七度以上にする。低温期には容易なことではないが、せめて一五度以上にはしたい。その後は温度を徐々に上昇させる。日の出二～三時間で最高温度にするような管理はしてはいけない。徒長の原因となる。

▼午前より午後の温度を高くして転流を促す

午後の温度は午前よりも高くして転流を促す。植物は日中、葉（光合成をする器官＝ソース）で光合成をしながら、同時に生長点、果実、根（同化産物を受ける器官＝シンク）に転流をさせている。

転流の適温は光合成の適温よりも高く、同化産物は温度の高い部位に移動しやすい性質がある。午後の温度を高くすることによって、葉に糖が蓄積することなく転流が進むため、午後の光合成速度が午前中よりも低下する「昼寝現象」はみられなくなる。

植物体のバランスを制御するには、まずこの午後の温度を変更することが効果的である。生長点が強く茎が太いときは（栄養生長）、午後の温度を数度高くし、維持する時間を長くすることで呼吸を促進する。生長点が弱く茎が細いときは（生殖生長）、温度を下げて呼吸を抑制する。

▼日没後、温度を一気に下げて転流促進

日の入り前後には温度を一気に下げるが、積極的に換気をして温度を下げるのではない。午後の温度は冬期でも約二〇度を維持するように暖房を行ない、それから暖房機を止める。

なお、日没後に中位葉の葉が葉裏側に巻いている場合は転流不足である（写真2―9）。午後の温度を上げるか、暖房時間を長くする。中位葉の葉巻きがなくなると、生長点付近の葉が巻いてくる。このようになれば同化産物が生長点に転流した証拠で、温度管理が適切と判断できる。

温度を一気に下げると施設内の飽差が低くなり（相対湿度が上昇し）気孔からの蒸散は減少する。しかし、養水分の吸収は根圧によって継続され、葉の先端や果実など、養分が通常は移動しづらい部位にもカルシウムなどを容易に送ることができ、尻腐れ果などの予防に効果的である。

急激な温度低下は葉温も同時に下げ

写真2－9　日没後、中位葉が葉裏側に巻いている場合は午後の温度が低く転流不足（葉表側に巻いているのはかん水不足）

るが、果実や根圏の温度は高いまま維持される。同化産物は温度の高い部位に移行しやすいため、果実や根に同化産物の分配を促すことができる。

▼夜温一二度以上で安定着色

果実の着色は、リコペンとβ―カロテンが影響する。リコペンの生成は一二～三〇度、β―カロテンの生成はそれよりも広い八～三五度で行なわれる。一部の生産者では省エネを目的に夜温を一二度未満にしている場合がある。この温度では発育は進むが、リコペンの生成が起きず、果実の着色が遅れることになる。つまり葉の展開と果実の着色速度のバランスが崩れた状態になる。

果実を安定的に着色させるには、夜温は最低でも一二度以上が必要である。積算気温の測定もリコペンの生成適温のみを測定する有効積算気温を測定すると、開花から収穫までの正確な日数を把握することができる。

夜温は日の出三～四時間前から少しずつ上昇させ、日の出後の果実が露点温度以下にならないようにして、灰色カビ病の原因となる果実の結露を抑制する。結露は温度を一時間に三度、できれば二度以上上昇させなければ回避できる。

表2－5　最適な温度管理の一例

冬期（晴天日の日射量は約1000J/㎠／日）	
夜間平均気温	13.5～14度
日中平均気温	17～18度
日平均気温	16度を目標

春～初夏（晴天日の日射量は約2500J/㎠／日）	
夜間平均気温	16～17度
日中平均気温	22～23度
日平均気温	20～21度を目標

※トマトの生育は日平均気温が20度で最高となり、それ以上では低下する

まずはハウス内温度の記録から

温度管理は、どのような設定にしたらいいのかと考える前に、まずは自身の施設内温度を記録することが重要である。それも一日単位もしくは中長期的な変化を記録することが重要である。

そして、栽培に必要な日平均気温、時間帯別平均気温、積算気温等の意味を理解して記録すると考え方が大きく変わってくると思う。

高収量・高品質を目指した施設栽培での変温管理は常に改良が行なわれている。今までの既成概念にとらわれずに、新しいことに挑戦してみてはいかがだろうか。

事例④

転流促進と結露防止の温度管理でトマト二八tどり

熊本県八代市・宮崎章宏さん

カラー口絵で紹介した宮崎さんの温度管理を紹介する。重油使用量を削減するより生育促進（光合成促進、病害回避）を優先させるほうが経営的に有利であるという判断で取り組んでいる。

宮崎さんの一日の温度管理の流れを図2―11に、暖房機、谷開閉機の温度設定を図2―12に示す。光合成を促進するため、日の出後までに暖房機温度設定を一八度に段階的に上げている。また、この時間から逆算し、早朝三時あたりから徐々に温度を上げていくことで果実の結露を防いで灰色カビ病を抑えている。

さらに積極的に日中（とくに午後）の温度を確保することで転流促進を優先させる。このとき、天候によっては

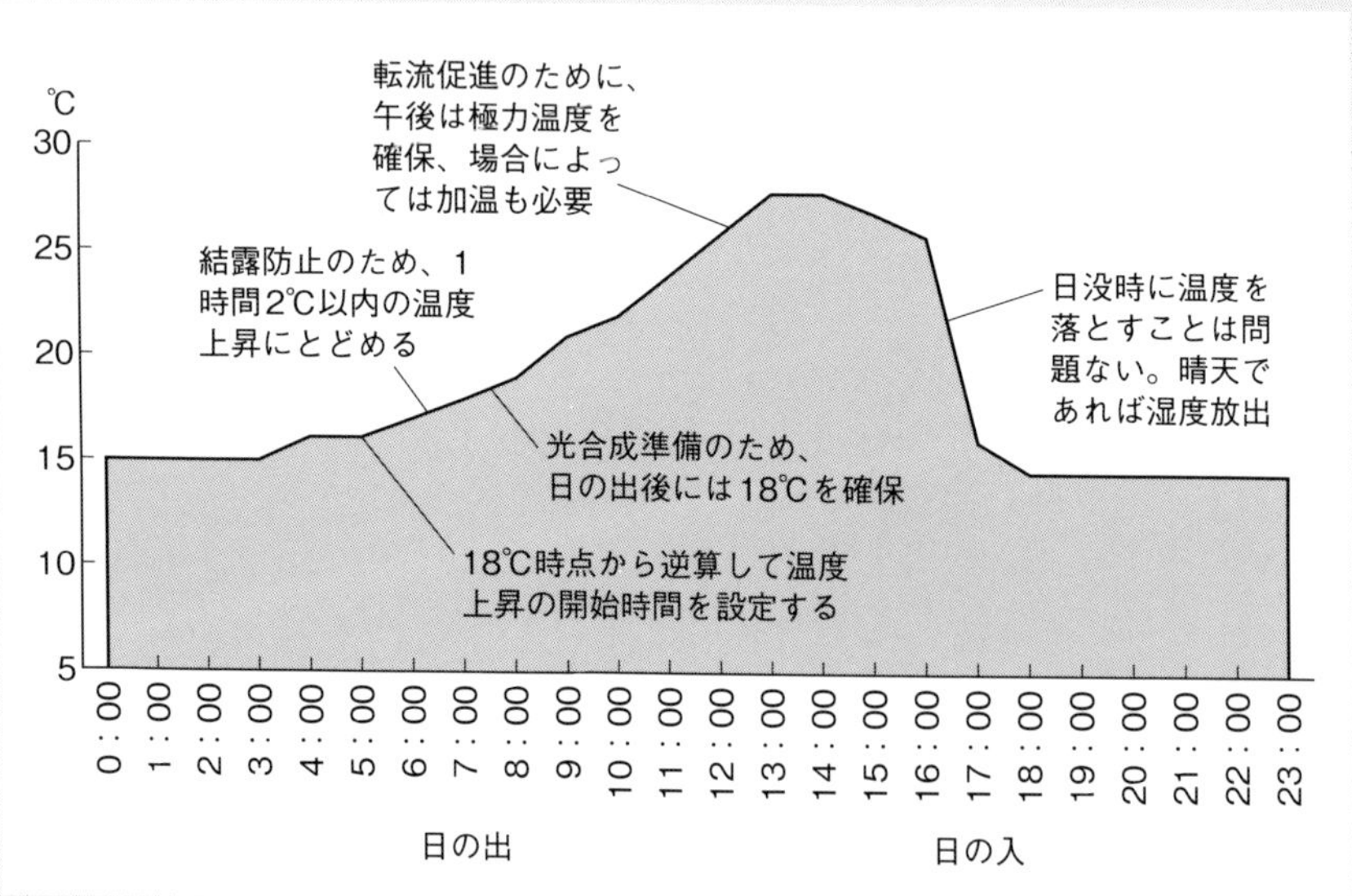

図2－11　厳寒期（晴天日）の温度設定

加温を行なってでも午後の温度を確保するため、日中は暖房機設定を常に一八度としている。

　暖房機は四段変温サーモ、谷開閉機は二四段設定となっているが、暖房機は朝だけで二段のステップを使い、谷部換気の「開動作」開始の温度設定はできるだけ低く早い時間からの段階的な設定にすることで、急激な温度・湿度変化を回避できている（深田、二〇一四）。

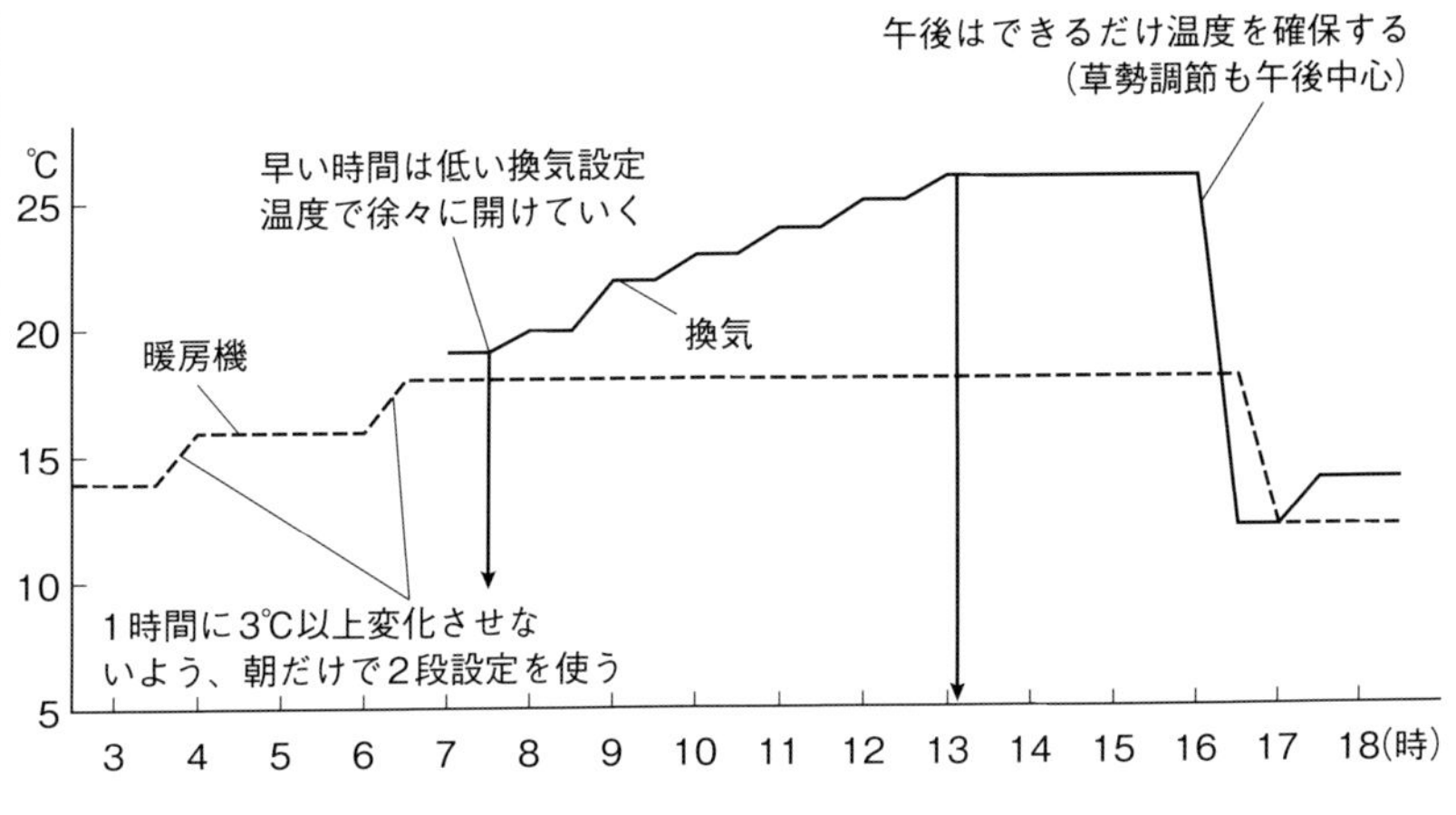

図2－12　暖房機（4段サーモ）、谷開閉機の温度設定

5 日射量に合わせたかん水

ここではトマトを例に、環境制御におけるかん水のノウハウを紹介する。

肥料の前に水とCO_2

まず、植物にとって水とは何か、数字を追って考えてみたい。

植物の約九〇％は水分で、残りの一〇％が光合成でつくられる乾物（同化産物）である（図2―13）。乾物を構成する元素のうち約九〇％を炭素、酸素と水素の有機物で占める。これらは水（H_2O）とCO_2によって供給される。肥料（無機物）はというと、残りの約一〇％を占めるのみである。つまり、植物体全体に肥料分が占める割合はわずか一％未満なのである。もちろん肥料は大変重要な要素だが、植物の生育を考えれば、肥料の前に水とCO_2とを過不足なく与えることを忘れてはいけない。

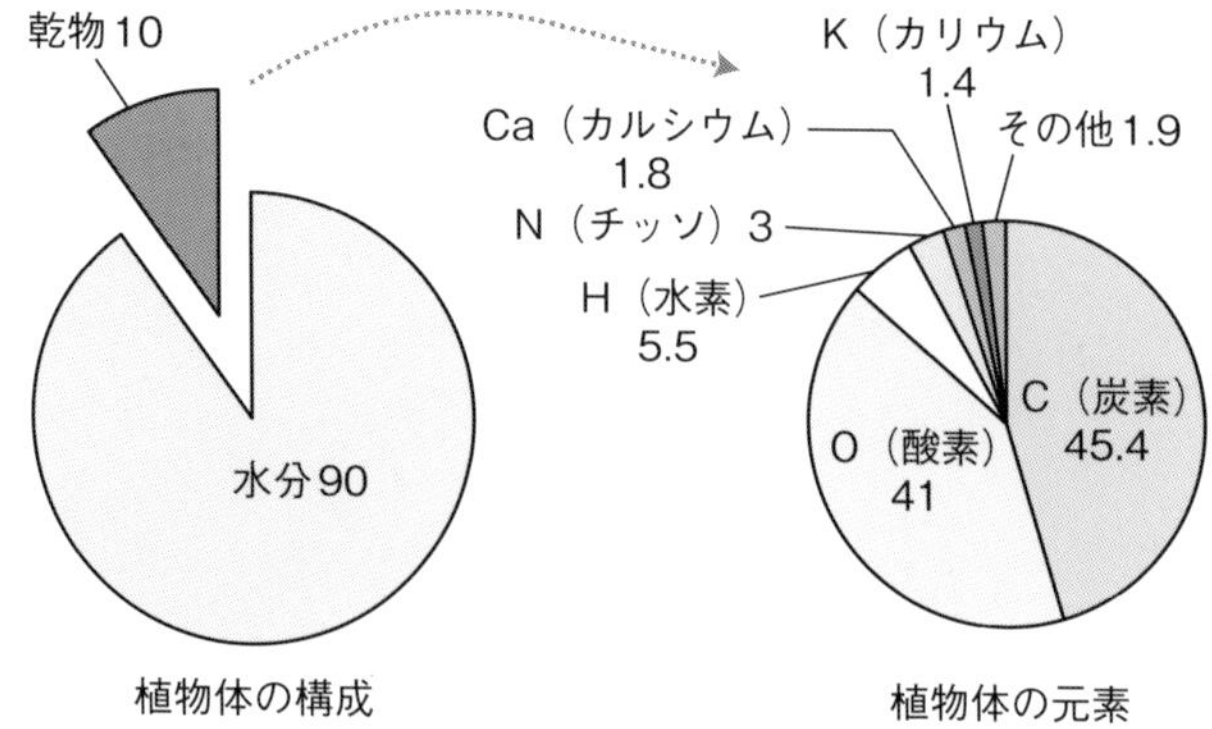

図2－13　植物体を構成する元素（%）

収量が増えると水不足が起きる

CO_2施用などの環境制御に取り組んでいるときに注意したいのが、水と肥料である。収量が増えることで、要求される水と肥料も必ず増えるからである。

日射量が多くなる春以降はとくに、多くのハウスでかん水不足による障害が起きている。トマトでいえば春先のしおれや葉先枯れなどであり、多くはかん水量を増やすことで解決できる。水を過不足なく与えることで、さらなる増収と品質向上につながる。

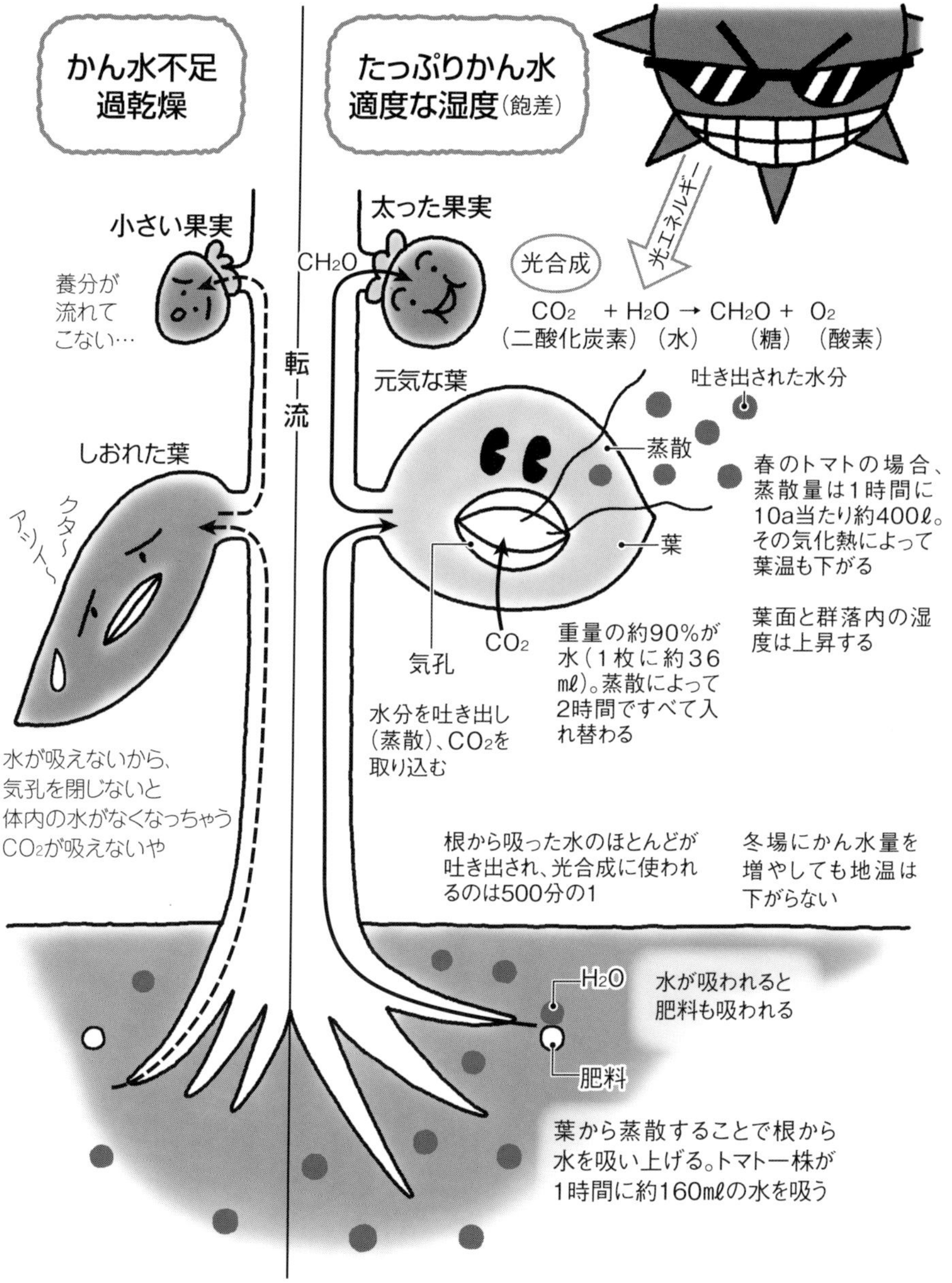

図2－14　トマトのたっぷりかん水とかん水不足

しおれも葉先枯れも原因は水不足

植物にとって水がいかに重要か、それを示す事実はまだまだある。春の晴天日のトマトを例に、その一部を図にして紹介する（図2―14）。

トマト（抑制長期どり）の場合、水不足による症状でいちばんわかりやすいのは、春先に多く発生するしおれである。葉先枯れや葉焼けも、じつは水不足による（写真2―10、2―11）。これらは、葉からの蒸散に対して根からの吸水が間に合わないことから起こる。だから根から遠い上位葉がしおれたり、先端葉の葉先で肥料欠乏が発生したりするのである。カルシウム欠乏が原因とされる尻腐れ果も、根本的には水不足が原因である。いずれも、かん水量を増やすことで防げる。

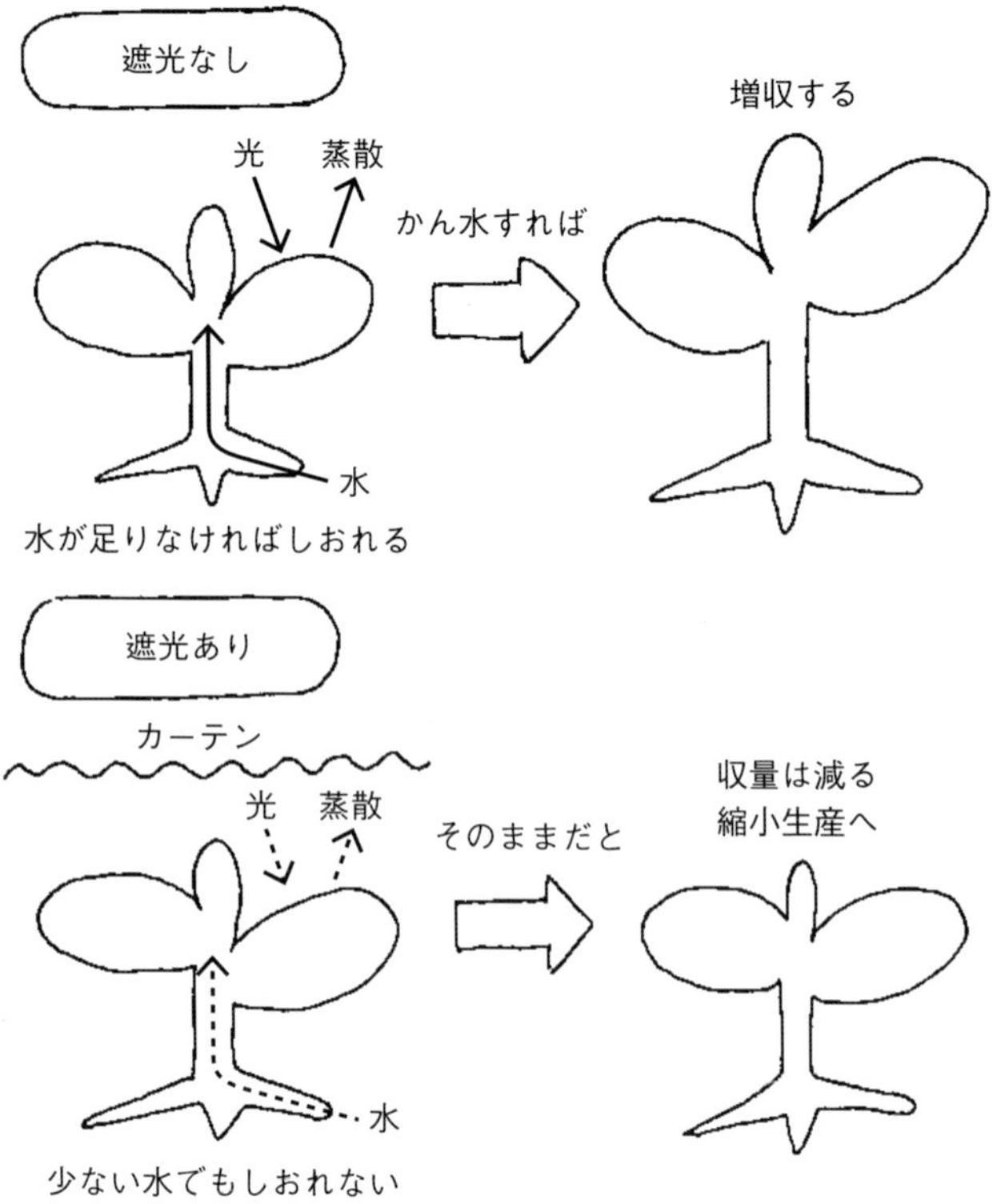

遮光なし
光
蒸散
水
水が足りなければしおれる
かん水すれば
増収する
遮光あり
カーテン
光
蒸散
水
少ない水でもしおれない
そのままだと
収量は減る
縮小生産へ

図2－15　かん水を遮光としおれ

遮光すると多収は望めない

関東地方では三月下旬、桜が咲く頃になると日射量が増え、トマトが萎れやすくなる。そんなとき、五〇％程度の遮光カーテンを毎日光がもっとも強い正午前後の四時間くらい閉める方がいる。確かにしおれにくくなるが、こ

写真2－10　上位の先端葉の葉先が枯れる（カリ欠乏）

写真2－11　生長点がしおれる

写真2－12　葉が葉表側に巻く（葉裏側に巻くのは転流不足）

写真2－13　果実が小玉化し、肩部にベースグリーンが発生する

のような管理を続けると生長点が細くなり、その後の収量は減る。光不足で光合成量が低下するためである。これでは多収は望めない（図2－15）。

遮光しなくてもミスト装置で湿度を高めればしおれにくくなる。しかし蒸散量を抑制することになり、水と肥料の吸収量が低下する。光合成量が低下して乾物生産量が低下すれば樹は水ぶくれとなり、ミストを使用し続けないとしおれやすい状態になってしまう。

遮光カーテンもミストも、使いすぎは禁物である。適切なかん水管理をして、それでもしおれが発生するときのみ、必要な時間だけ使用するようにしたい。しおれ対策に五〇％遮光が必要な日数は、二～五月の間にわずか五日程度だろう。遮光するなら、保温で使うような一五％程度のものがよい。散乱光カーテンを利用すればなおよい。

他にもある水不足の症状

しおれや葉先枯れの他、春になって下葉が船底型になるのも水不足である（写真2―12）。このような葉は厚く、水分が少ないため硬く、バリバリとしている。

また、春先からの果実の小玉化も水不足である（写真2―13）。環境制御に取り組むと二～三月の収量が飛躍的に増えるが、四月になった途端に果実が小玉化したという方が多くいる。特徴としては、ガクが大きくよい花が咲くが、縦長（腰高）の果形となって、高糖度トマトなみに甘くなるが収量はとれない。

いずれも、かん水量の増加で防げる。

なお、夏秋栽培におけるしおれや葉焼け、着果不良も水不足が原因であり、積極かん水で防げる。かん水は葉温を下げ、群落内気温も下がる。

病気は増えないし、味も落ちない

かん水量を増やすと病気が増えると心配する方がいる。とくに土耕栽培では根腐れが心配だが、少量ずつ多頻度のかん水ならば病気は問題ない。また、かん水量は根の広がりに応じて変え、株元に多くするのもポイントである。ドリップチューブなどを利用した株元かん水が有効である。

灰色カビ病の発生を心配する方もいるが、これも対応できる。灰色カビ病が増える原因は二つ考えられる。まず土耕栽培では土壌からの蒸発量が増えてハウス内の夜間湿度が上がること。これは、地表全面にマルチを敷けばよい（マルチは株元までしっかり寄せる）。二つめは植物の状態がよくないこと。これも、しっかり除湿をして蒸散を促し、吸水量と蒸散量のバランスをとって充実した樹にすれば防げる。

かん水量を増やすと味や日持ちが悪くなることを心配する方もいる。しかし、そもそも果実の九〇％以上は水。残りが光合成産物の糖であり、このバランスがトマトの品質を決める。光合成には水が必要で、かん水量を増やしてもしっかり光合成させれば糖も増え、品質は低下しない。むしろ向上する。

かん水量の増やし方

では実際に、かん水はどうやればいいのか。

生産者にかん水方法を聞くと、「一日に五分間ずつ二回かん水をしている」など、かん水量自体を把握してい

表2－6　日射量に応じた1日のかん水量の目安（抑制トマト）

時期	日射量（J/㎠）	かん水量（ℓ/10a/日）	かん水回数	間隔（分）
1月上旬	1000	2500	6	45
3月上旬	2000	5000	12	40
4月下旬	2500	6250	15	40

※かん水回数は、1回当たり400ℓ／10aとした場合
葉面積指数3程度の群落であれば、1000 J／㎠の日射量で1日2500ℓ／10aをかん水

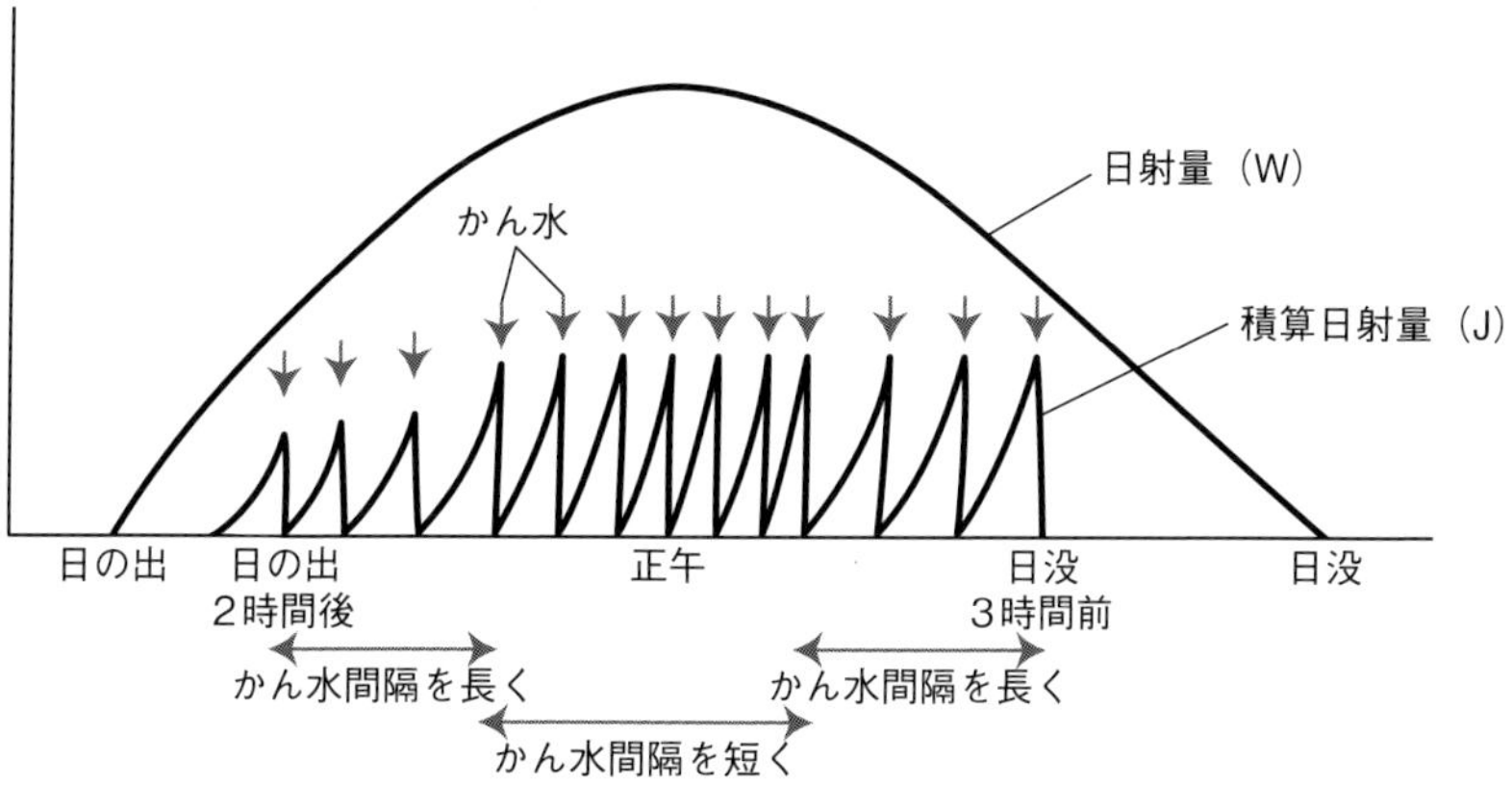

図2－16　日射量に合わせたかん水のイメージ

かん水は日射量に比例させる。日射量が多い正午前後はかん水とかん水の間隔が短くなる（溜まった日射量をかん水でリセットするイメージ）

ない方が多い。まずは、現在のかん水量を把握すること。そのうえで、その作物の水分要求量を把握すること。さらに、必要なときに必要な量をかん水する技術も必要である。

▼かん水は株元へ少量多頻度に

土壌水分計（pF計・テンシオメーター）をウネの真ん中の株と株の間に挿して、かん水の目安にしている方がいる。しかし、その値はかん水の目安にはならない。植物は根の表面にある水と肥料とを吸い上げている。水は根の周りに常に与える必要があり、株元への少量多頻度かん水が有効である。ただし過湿（とくに夜間）には注意する。

そのうえで、かん水量はポンプの能力や使用するかん水資材の時間当たり吐出量によって把握すべきである。

▼かん水量は日射に応じて

表2―6に抑制トマトのかん水量の目安を示した。四月のかん水量は一月のかん水量の二・五倍となっている。この時期、関東の晴天日の日射量は冬至頃の約二倍となる。日射量の増加に応じて、かん水量も増やすわけである。

植物は蒸散で失った水分を根から吸収している。蒸散量は日射量の他、気温や湿度、風や土壌水分、生育ステージや葉面積等々、さまざまな要因に影響を受ける。しかし、これらすべてを考慮してかん水量を決定することは不可能である。そこで、蒸散量にいちばん影響を与えている日射量と気温を考慮して決定するが、気温は週単位ではほとんど変わらないと考えていいので、かん水は刻々と変化する日射に合わせて行なえばいい。

一日の中でも、日射量の増減に合わせてかん水量とタイミングを調整する（図2―16）。

▼始める時間と止める時間

かん水は日の出から約一～二時間後に開始する。かん水をやめるタイミングは非常に重要である。夕方遅くまでかん水をすると、夜間土壌が乾かず、過湿となり根腐れの原因となる。晴天日は日没の約三時間前、曇天日は正午頃には終わりにする。

▼肥料濃度を高める

かん水するときは肥料濃度を通常より高くして、水で肥料の吸収バランスを維持することも大きなポイントである。肥料濃度が低いと、水ばかり吸収してしまい、水ぶくれ（軟弱徒長）になってしまう。

土耕なら一日一回のどっぷりかん水

トマトが必要とするかん水量を把握しやすいのは、排液量が測定できる養液栽培である。しかし時期や生育ステージが同じであれば、養液でも土耕でもトマトが求めるかん水量は同じである。オランダのトマト栽培は約九五％が養液栽培で、土耕栽培は有機栽培をしている人だけで少数派である。ただし、かん水の考え方とその方法は養液も土耕もまったく同じである。

一九八〇年頃まではオランダもほぼすべてが土耕栽培だった。当時は現在のわが国のように週に一回とか一日に一～二回のかん水だったそうである。ロックウール栽培が普及するようになり、かん水の考え方や技術が発展、次第にそれが土耕栽培でも応用されるようになったそうである。今では、土耕栽培でも夏には一日一〇～一五回のかん水をしている。

ただし、土耕がロックウール栽培と異なる点が一つだけある。ドリップだけでなくミニスプリンクラーも併用することである。通常のかん水はロックウールと同様、ドリップを使って少量多頻度だが、日射量が多い夏は一日に一回、ドリップに加えてスプリンクラーによるかん水をしている（一〇a当たり三〇〇〇ℓ）。土壌表面からの蒸発分や、かん水ムラによるバラツキを補正するためのかん水である。

近年、国内においてもCO_2施用や温湿度管理に加えて、かん水量を増やして収量をさらに伸ばしている生産者がいる。そういう方はかん水量を徐々に増やし、とくに春は今までの二～五倍の量のかん水をしている。

まずは普段のかん水量を把握することから、かん水管理を見直してみることをおすすめする。

事例⑤

しおれと成り疲れをなくすミニトマトのかん水

愛知県田原市・岡本直樹さん

岡本さんのミニトマトは前年まで春先になると必ずしおれていたが、かん水を増やしてからしおれが激減している。だから日中の遮光もあまりしないですむようになった。おかげで収量は環境制御導入三年目で、一二tから一七tへ増えている。

そのかん水量は、点滴チューブで一日一〇回、一回に反当たり五〇〇ℓ。収量を上げている人の二倍、そうでない人の四倍にあたる。

かん水開始のタイミングは蒸散が始まってからで、日の出一時間半～二時間後。早朝はハウス内の湿度が高く、トマトは蒸散しにくいため、水をやると行き場を失った水が実に流れて玉が割れてしまう。したがってかん水は換気を始めてから行なう。

かん水をやめるタイミングは、日没三～五時間前に終えるようにしている。きっちり夜までに土を乾かして根の伸長を促すためで、養液栽培のほうはその一～二時間後にやめている。

なお、岡本さんはかん水のたびに液肥を混ぜて給液管理しているが、その濃度は環境制御導入前の約二倍（ＥＣ二・五～四・〇）にしている。増やした水に合わせて施肥量も増やすのである。

6 肥料の吸収をよくするかん水と施肥

肥料がよく吸われる環境とは

植物は水とCO_2を原料に糖と酸素をつくる。これが光合成である。そして糖は根から吸収された肥料と一緒に、植物の生長の材料、エネルギーに使われる。したがって、CO_2施用や多量かん水に取り組んで光合成が活発になり、肥料が足りないと、植物体には要素欠乏症状や「水ぶくれ」といわれる軟弱徒長症状が現れる。環境制御に取り組む際には、水と一緒に肥料も増やさなければならないのである。

しかし、植物体に肥料分が占める割合はわずか一%未満。植物栽培の基本は、あくまでCO_2と水を過不足なく供給することである。

つまり、CO_2と水が不足している条件で、いくら肥料を与えても収量と品質は向上しない。収量と品質が伸び悩んでいる生産者の場合、その原因の多くは肥料ではなく、CO_2と水の不足である。まずは十分なCO_2と水でしっかり光合成させて、植物が肥料を吸収しやすい環境をつくりだすことが重要である。

肥料の組成は大きな問題ではない

施肥について考える際、植物が肥料を吸収する原理を理解することが欠かせない。養液施肥を念頭におくと、肥料の吸収は主に次の三つの要因に影響を受ける。

地上部の環境制御　CO_2や温湿度をコントロールして光合成を促進、根を充実させる。蒸散を促して、水と肥料を吸収できる環境にする。

かん水方法　水と肥料を十分に、適宜供給する。

pH　肥料の吸収に影響する重要な要因。pHが高いと肥料が不溶化して、吸収されにくくなる。

肥料吸収において、その組成（成分）はそれほど大きな問題ではない。肥料欠乏など栄養分による多くの問題は、組成を変えることなく、以上の三点の改善で解決できる。

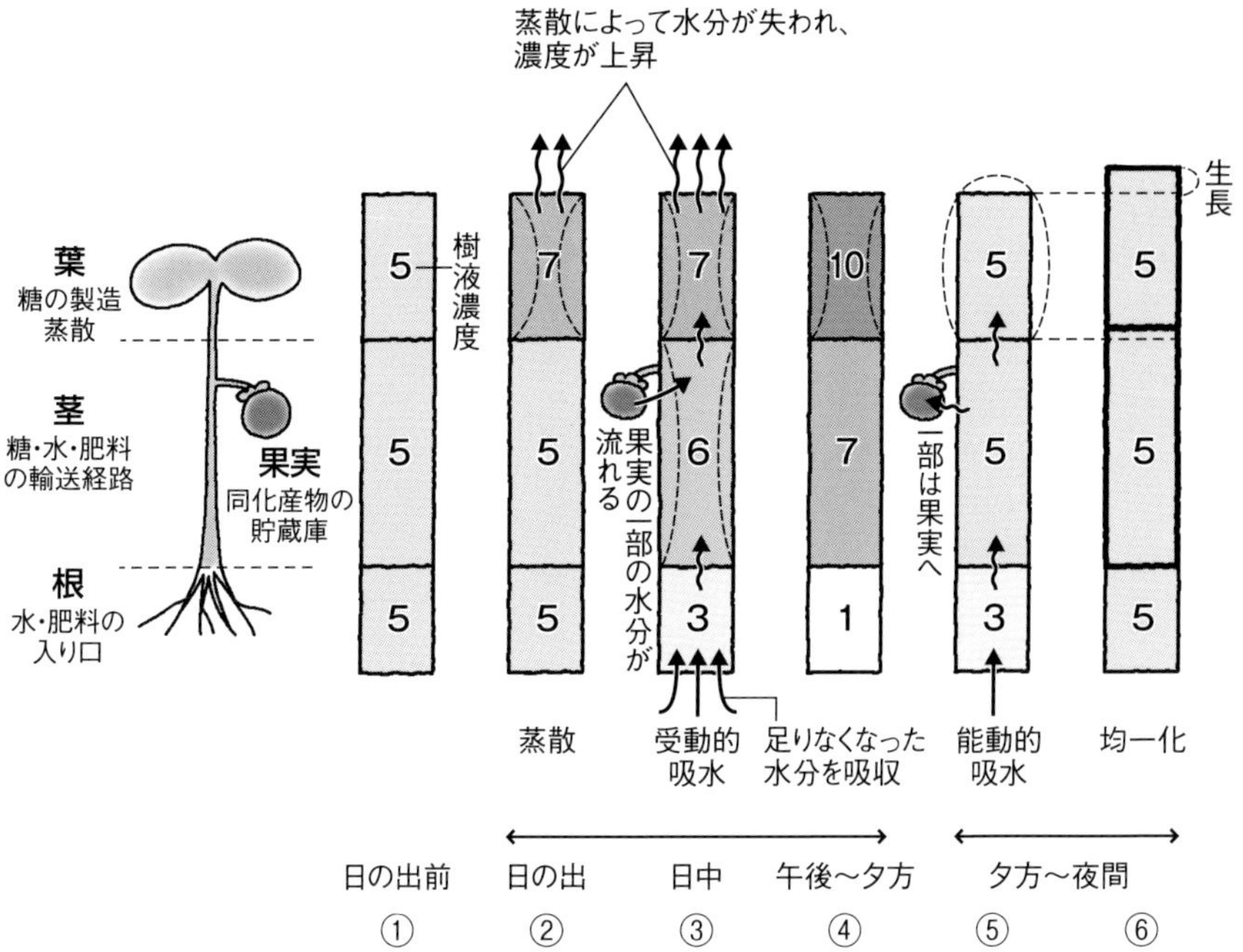

図2－17　１日の樹液濃度の変化と水の吸われ方

一日の肥料の吸われ方と動き方

では次に、植物はどのようにして水と肥料を吸収するのか、図2―17を使って説明しよう。ここでは植物を葉、茎、根に分けて考える。

▼日中は蒸散に引っ張られて水と肥料が吸収される

朝、植物体の樹液濃度はいずれの部位も同じである（①）。しかし日の出後、蒸散によって水分が失われた葉の樹液濃度が高くなる（②）。

すると植物は各部位の濃度を均一にしようとし、茎の水分は葉へ、根の水分は茎へと流れる。そして根は不足した水分を培地中から吸い上げる。

水分が移動するときは、同時に肥料分も移動するので、蒸散が進むと葉に肥料が流れ、樹液濃度が高くなる（③）。このように日中、蒸散によって植物が水と肥料を吸収するしくみを「受動的吸水」という。午後も蒸散は進み、日没時には各部位での濃度差がもっとも大きくなる（④）。

▼日没後は樹液濃度をならそうとして水と肥料を吸収する

日没後、植物は各部位の樹液濃度を均一にしようとする。しかし葉から茎、茎から根というように、樹液を蒸散の流れに逆らって積極的に送ることはできない。そのため植物は蒸散量が低下した後も根から吸水して、樹液濃度を均一化しようとする（⑤）。図2－18のように根の細胞が浸透圧の差によって水をくみ上げる力を根圧といい、このような吸水を「能動的吸水」という。

葉は樹液濃度が高くなっているため、能動的吸水によって多くの水が流入し、伸長して体重が増加する。また、一部の水と肥料は果実にも流れて、果実を肥大させる（⑥）。これが生長である。

こうして夜の間に各部位の樹液濃度は均一化され、日の出を迎える（①）。

このように、植物は蒸散により体内の樹液濃度を高め、同じ濃度になろうとする力、つまり浸透圧を利用して水と肥料を吸収している。施肥をする際には、この浸透圧の作用を理解することが重要になる。

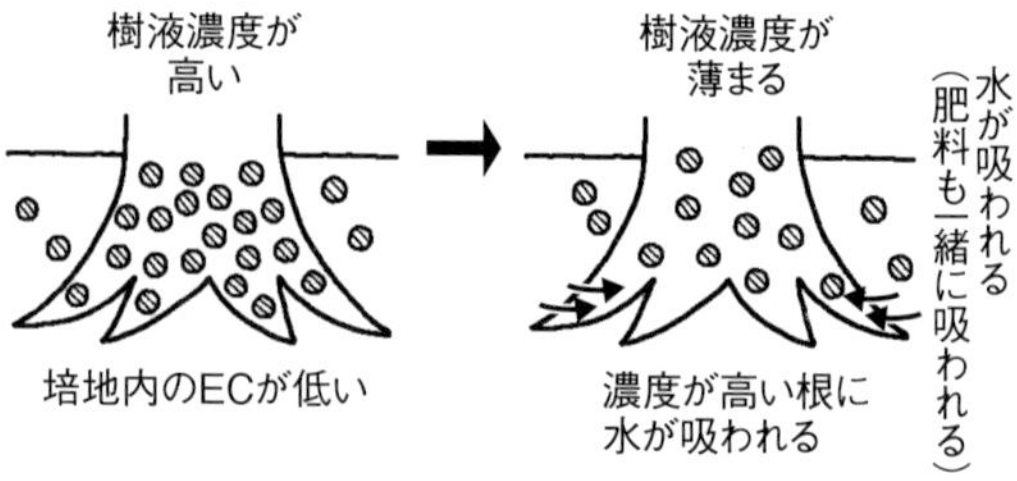

樹液濃度が
高い
培地内のECが低い
樹液濃度が
薄まる
水が吸われる
（肥料も一緒に吸われる）
濃度が高い根に
水が吸われる

図2－18　浸透圧で水が吸われるしくみ

日中はカリウム、夜はカルシウム

受動的吸水や能動的吸水について、さらに整理してみよう（図2－19）。

植物の一日の吸水量は、蒸散による受動的吸水のほうが根圧による能動的吸水よりも圧倒的に多い。

受動的吸水は蒸散による吸水なので、日射や湿度などに影響される。この吸水ではアンモニアやカリウムなど比較的吸われやすい小さいイオンの肥料が吸収されやすくなる。また、蒸散は主に葉で行なわれ、果実ではほとんど行なわれないため、果実には水や肥

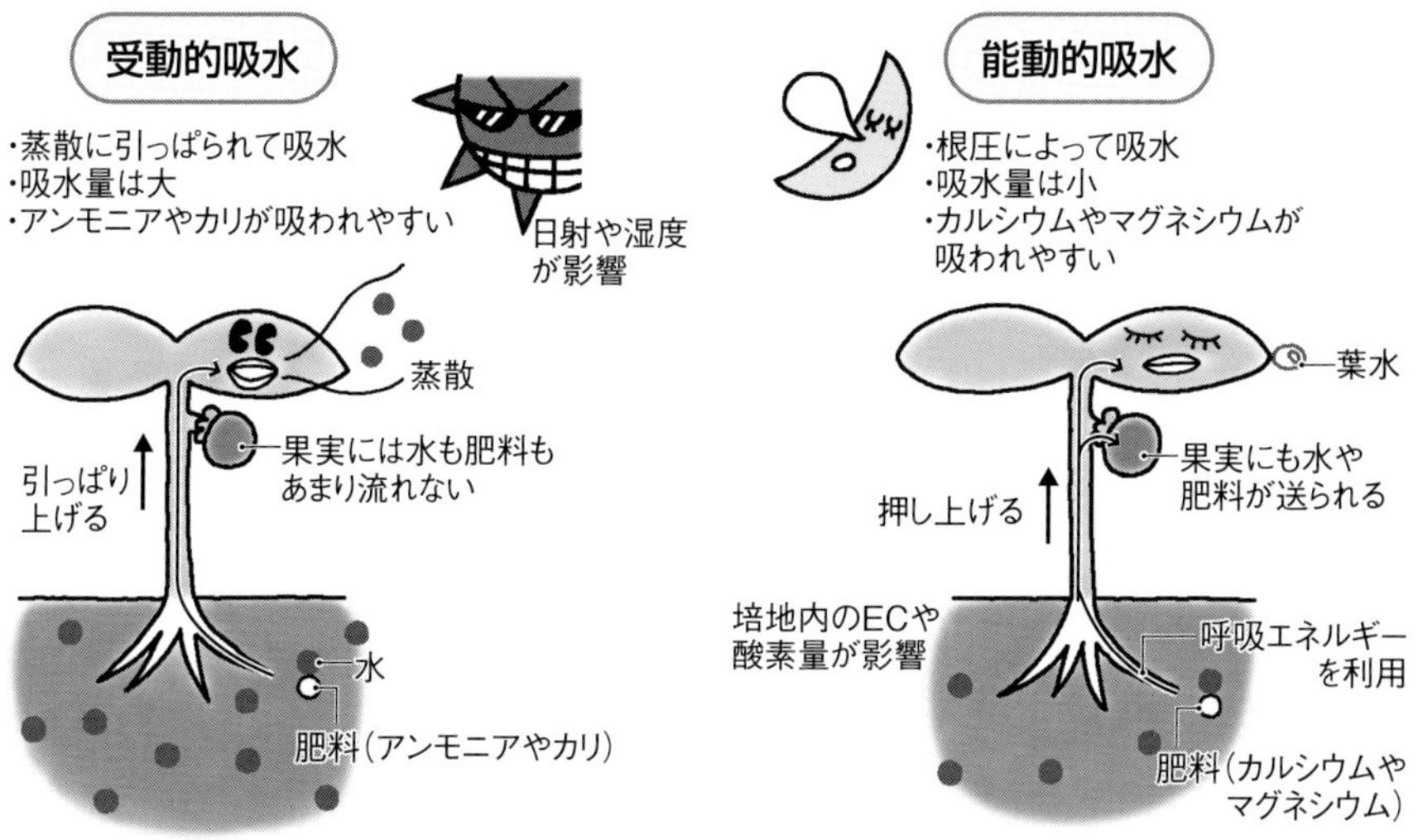

図2－19　受動的吸水と能動的吸水

料がほとんど流れない。

　受動的吸水が葉からの蒸散に引っ張られての吸水であるのに対し、能動的吸水は呼吸エネルギーを利用した、積極的かつ選択的な吸収である。したがって、カルシウムやマグネシウムなど吸収されにくい大きなイオンの肥料が多く吸収される。肥料が吸収されると、根内の浸透圧が高まって水を吸収、その水を押し上げて葉や茎に送る（根圧）。この根圧によって、日中の受動的吸水では届きづらい果実や生長点、葉の先端などに水と肥料を送ることができる。

　能動的吸水は夕方から夜にかけて、蒸散量が最小になるときに最大となる。イチゴなどで朝方に見られる「葉水」は、根圧によって吸い上げられた水と養分が葉先から漏れ出る現象である。

要素欠乏の対処方法

▼葉先枯れには昼間のかん水

　このような理屈がわかれば、要素欠乏の対処方法もわかってくる。欠乏症状が出るのは肥料不足ではなく、その部位に必要とされる肥料が根から輸送されていないためと考えるべきである。

　たとえばトマトの上位葉に発生する葉先枯れはカリウム欠乏なので、日中に十分かん水することで防げる。

▼尻腐れには根圧を高める

　尻腐れやチップバーンはカルシウム

欠乏なので、夕方からの根圧を高めることが対策となる。

　根圧を高めるには、「接ぎ木苗の利用で根量を増やす」「低い塩類濃度（ＥＣ）で管理する」「根圏の温度を高めて呼吸量を増大させる」「呼吸に必要な十分な酸素量を確保する」などの方法がある。能動的吸水に利用される呼吸エネルギーには酸素が必要なので、根が健全でなかったり土が加湿で酸素不足だったりすると、吸水量は低下してしまう。

　ただし、根圧が高まって能動的吸水が多すぎる場合にはマイナスとなることもある。植物は根圧によって取り込まれる水と肥料を止めることができない。水が取り込まれすぎると、葉が薄く大きく徒長の原因となったり、果実が裂果したり軟化したり、品質低下の原因ともなる。これらがいわゆる水ぶくれ症状である。

吸水も樹勢も、肥料濃度でコントロールできる

　これら水と肥料の流れは、根域の肥料濃度（以下、ＥＣ）によってコントロールすることができる。

　たとえば春先、日射が強くなってかん水量を増やしたいときにはＥＣを下げすぎないようにし、日没前の適切な時間にかん水を終了させる（培地内の水分率を低下させる）。こうして夕方から夜間にかけて培地内のＥＣが高ければ、浸透圧により根に水が吸われすぎるのを制限することができる。日射が強い日中は、かん水量を増やすことで培地中のＥＣがもっとも低くなり（水が吸われやすい）、夜間は高くなるようにするわけである（水が吸われにくい）。

　この原理を理解すればＥＣによって植物の樹勢バランスを制御することもできる。たとえばトマトを生殖生長に傾けたいときはかん水時の肥料濃度（ＥＣ）を高くしたり、栄養生長に傾けたい時はＥＣを低くしたりして水を吸われやすくすることなどである。

　ＥＣコントロールはロックウールやヤシ殻（ココ）培地による養液栽培では簡単にできる。土耕栽培でも給液終了時刻を早めるなど、かん水方法を適切に行なえば可能な手法である。

　ただし、水耕栽培（ＮＦＴやＤＦＴ）では制御が難しく、水耕トマトに春から初夏にかけて放射状の裂果が発生する原因のひとつとなっている。

　土耕栽培の場合は、作の終わりに湛水処理して、蓄積した肥料分を洗い流す。

ＥＣは高めに、一・五～四・〇で

では実際のECの目安について、ロックウールなどで栽培している収穫期のトマトを基準にみてみよう。

現在、一般的な養液栽培では、EC一・〇～二・〇（給液濃度）で管理している方が多いと思う。ECがこれくらい低くても栽培はもちろん可能だが、植物の樹勢バランスを制御するうえではECは高いほうが栽培しやすい。

おすすめしているかん水時の給液ECは一・五～四・〇（大玉トマトなら一・五～三・五、ミニなら二・〇～四・〇）である。暑い夏はECを下げて、冬は上げる。この際、培地内のECは濃縮され、給液濃度よりも高い二・五～四・五程度となる。

高いECだと生殖生長に制御でき、果実品質も向上させることができる。ただし、高温期にECを高めると尻腐れ果の危険があるので、高温期は低めで管理する。

pHは五・三～五・八に、アンモニアは抜く

給液時のECを意識する方は多いが、pHを忘れている方がいる。肥料吸収においてかん水時の水のpHは非常に重要である。多くの場合、水のpHは高いため（アルカリ性）、酸を入れて調整する。かん水のpHは五・三～五・八にする。

また、肥料の配合からアンモニアを減らすこともすすめている。前述のようにECを高くするとアンモニアの施用量が増える。アンモニアが増えるとカルシウムと拮抗するため、尻腐れの発生要因になるからである。アンモニアを入れなくても、植物は硝酸態チッソがあれば大丈夫である。オランダでは、pHを下げるために少量のアンモニア態チッソを使用する程度である。

地上部と地下部の管理をつなげる

わが国の農業では多くの方が施肥について興味をもち、細心の注意を払って栽培している。確かに肥料は非常に重要だが、施肥管理だけで植物の生育を制御しようとするのは限界がある。

オランダのトマト生産者に高収量栽培について聞くと、地上部の環境制御や植物体管理の話ばかりである。施肥に関する話題はほとんど出てこない。

こちらから「施肥管理は？」と問うと、「地上部の管理は、地下部の管理が十分できているという条件で話をしている」と答えが返ってきた。施肥管理において重要なことは、植物はどのようにして水と肥料を吸収するかを理解して、地上部と地下部の管理を関連付けることなのである。

7 日照量に合わせたトマトの植物体管理

オランダのトマト栽培が日本よりも多収で、しかもその収量が年々増加しているのは、「光」の技術が高いことが理由のひとつである。ここでは、植物に光を効率的に受けさせるための管理方法を紹介しよう。

光「一%ルール」とは

光は植物が光合成をする際のエネルギーである。光の量が増えると光合成量も増えるので、植物の生長にとっては光がもっとも重要な環境因子なのである。

オランダには「一%ルール」というものがある。光が一%増えると、作物の収量が一%増えるという考えである。ハウスの環境制御で、もっとも優先すべきは光だと考えているのである。オランダは冬季の日射量が日本より少ないが、一%ルールはオランダに限った話ではない。

群落でみると遮光はほぼ必要ない

収穫期のトマトには、一日に最低でも八〇〇ジュール（図2―20）の光が必要である。図を見ていただくとおわかりのように日本には四季があり日射量は年間を通して変化するが、関東以西の太平洋側なら、冬季でもトマト栽培に最低限必要な日射量はあるといえる。オランダでは冬季に日射量が足りないため、補光ランプを使っている。

トマトにとって光はそれほど必要なのに、春から初夏にかけて日射量が増えてくると、しおれ防止のために遮光をする方がいる。これには注意が必要である。

確かに、トマトの葉の光飽和点（それ以上光の量が増えても光合成が増大しない光強度）は約七万ルクスで、年間でもっとも光が強くなる六月の晴天日の光は約一五万ルクスある。「光合成が増えないといわれる光量の二倍以上もあるのだから遮光が必要だ」というわけである。しかし、一般的なハウスの場合、光透過率はわずか五〇～六〇%で、生長点に到達する光は七万五〇〇〇ルクス程度。さらに生長点から一m下の葉が受ける光は、生長点付近

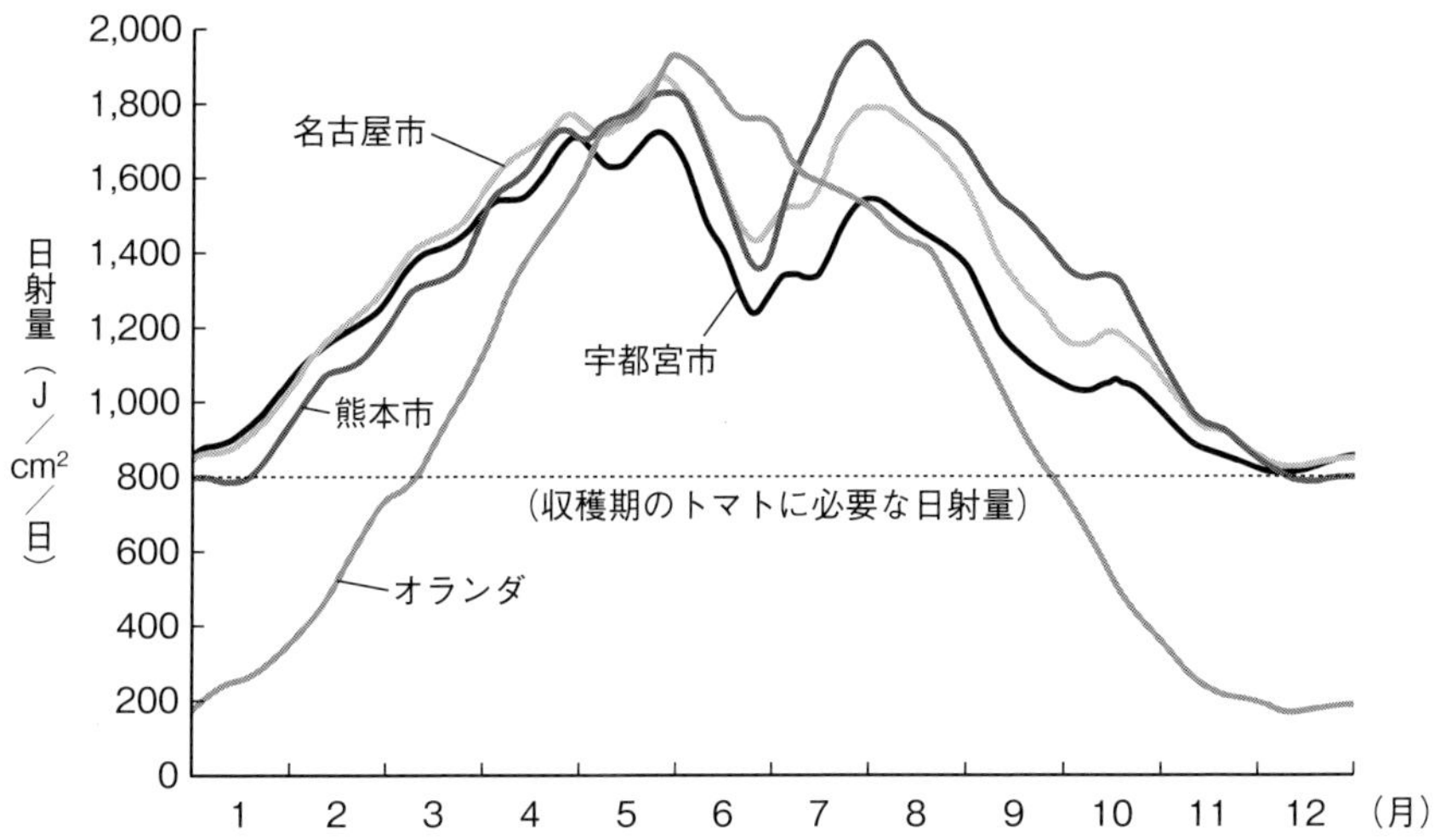

図2－20　日本各地とオランダにおける年間日射量の変化

の三〇～四〇％で、約三万ルクス程度なのである。

つまり国内では、収穫期のトマト群落の光合成が飽和するような光条件は年間を通してほとんどない。日射量が多いと感じるときも、たとえば五〇％程度の遮光をした場合では、下葉が受ける光は冬季の光よりも弱くなってしまうのである。

ハウス内に最大限の光を通す

では、ハウス内の光を増やす方法について考えてみよう。とくに冬季は、より多くの光を取り入れることが重要になる。

そこで、ハウスの被覆（外被材）には、高い光透過率を長期間にわたって維持できる資材を選択しないといけない。年に一度くらいは、高圧洗浄機等で被覆資材を洗って汚れを落とすのも有効である。

また、ハウス内のカーテン（スクリーン）は、畳んだときに光を遮る遮蔽物となるので、収束性のよい装置とカーテンを選択する。

白マルチで光合成量七％アップ

ハウスに入射した光の一部は植物には当たらず地表面に注がれる。その光を再反射させて利用するために、マルチには白色の資材を使用することを勧める（写真2―14）。

たとえば収穫期のトマトでは、裸地に白マルチを張るだけで、光合成量は

写真2－14　オランダのハウス。光を反射させるため、ほとんどの資材が白い

七％増えるといわれている。

「白マルチを張ると地温が下がる」と心配する方がいるが、問題はない。そもそもトマト栽培の場合、直射光は地表面まであまり届かない。地温はマルチの種類ではなく、平均気温に影響される。

光を多く葉で受ける方法

ハウス内に降り注いだ光を可能な限り多く葉で受ける方法について紹介しよう。

葉が受ける光の量は、「葉面積指数」（ＬＡＩ）で決まる。葉面積指数とは、床面積に対する葉の面積で、値が大きくなるほど葉が混んでいる状態を示す。

トマトの場合、葉がおおよそ一三～一五枚で葉面積指数が一だと考えればいいだろう。葉が一五枚ついた株が一㎡当たり二株あれば、葉面積指数は二ということである。

トマトにとって最適な葉面積指数は、光条件により変化する。日射量がもっとも少ない冬季は葉面積指数を二～二・五程度まで低下させ、春から初夏、日射量がもっとも多くなる時期は三～四程度に増加させる。

葉面積指数は逆輸入の技術

ちなみに、葉面積指数は作物の群落全体の光合成量を測る考え方の一つで、オランダから学んだものだが、元をたどれば日本の稲作から生まれた技術である。

一九五三年に発表された「門司・佐伯理論」という世界的に著名な論文がある。戦後、わが国の稲作は、面積当たりの収量が急増した。その理由の一つは、門司・佐伯理論によって、群落光合成が最大化する葉面積指数や吸光係数（群落下部まで届く光の量）を考えて栽植密度を検討したからである。また、草丈が低い現在の品種も、この考えにもとづいて生まれた。

この門司・佐伯理論をトマトのハウス栽培に応用したのがオランダである。その技術を、半世紀たった今、逆輸入して日本のトマト栽培に活かそうとしているのである。

日射量の増加に合わせて二本仕立て

具体的な管理方法について、関東地方以西の太平洋側地域で八月に定植、翌年七月まで収穫する長期栽培を例に説明する。

まずは栽植密度について。定植後、日射量は十二月中旬まで低下していく。栽植密度は、その時点の葉面積指数を考慮して、一㎡当たり二・〇～二・五本程度とする。

十二月中旬以降は日射量が増えるので、一月中下旬から全体の一〇～三〇％程度の株の側枝を伸ばし（一株二本に仕立てる）、葉の数（葉面積指数）を増やす。そして、場合によっては三月中旬、さらに一〇～三〇％の側枝を伸ばす。このような管理で、最終的な主枝本数を一㎡当たり二・八～三・五本程度にする。

多くの場合、面積当たりの主枝本数を多くすると、光やCO_2、水など光合成に必要な因子の競合によって株当たり収量が低下する。しかし、CO_2施用や飽差管理など、積極的な環境制御を行なった場合は、栽植密度を高めても株当たり収量を低下させずに面積当たりの収量を向上させることができる。

つまり、最適な栽植密度は、環境制御を高度化させることにより変わってくる。高度な環境制御を実施しているオランダの場合、最終的な主枝本数は一㎡当たり三・五本程度まで高めている。日本でも、CO_2施用などの環境制御技術と組み合わせれば、より密植にして、より高い反収をねらえる。

株上位の摘葉で下葉まで光を通す

日射量が少ない時期や側枝を伸ばして主枝本数を増やした場合、光は生長点付近の上位葉で受けとめてしまい、下葉へはほとんど届かなくなってしまう。日射が弱い時期はトマトが栄養生長に傾きやすく、とくに葉が混みやすい時期でもある。

対処方法として勧めているのが、生長点付近の葉をかいてしまうことである。各果房間に三枚ある複葉を、小さいうちに一枚取って、二枚にしてしまう。これで葉面積指数を下げることができる。

葉の数を減らして葉面積指数を調整する場合、下葉を取るよりも、生長点付近の小さな葉を取ったほうが効率的に群落全体の光合成量を高めることができる。

大事な葉を取って大丈夫？

トマトの果房近くの葉を取るというと、大半の方は驚く。果房周辺の葉は、その果房に糖を送る大事な供給源であり、取ってしまったら果実の肥大がその分悪くなるだろうと心配される。

しかし、これは絶対的なものではない。実際の栽培での糖の分配は植物全体を大きなひとつの器と考えればよく、輸送経路や距離が乾物分配に対して持つ影響は少ないといえる。むしろ上位葉を小さいうちに摘葉することで、ムダな養分を使わずに、果実への糖分配を増やすことが可能となる。そこで、なるべく小さいうちに摘葉することが重要となる。

四～五月のしおれや日焼けが減る

日射量が増える春から側枝を伸ばして葉面積指数を増やす方法は、その後の環境制御がしやすくなり、収量増加につながる。

ハウス内に注ぐ光をムダなく葉で受けることができ、主枝と主枝との間隔が狭くなると、必要以上の葉温上昇も防げる。その結果、群落が光飽和を起こすことなく、四～五月に発生しやすい株のしおれや、高温による着色不良や日焼け果も減る。五〇％程度の遮光カーテンの出番も大幅に減らせる。

さらに、葉面積指数の増加は蒸散量や気化熱の増加にもつながり、春以降の湿度不足や群落内の温度上昇にも効果的である。

誰でも、どんなハウスでもできる

このように、葉の受光量を増やすには、小さなことの積み重ねが重要で、改善できることは様々ある。「光が少なければ補光をする」「多ければ遮光をする」などのように光の量を増減させるのではなく、植物体の管理やハウス環境を整えることで葉の受光量を適切にすることができるのである。

紹介した側枝の伸長や、上位複葉の摘葉は、オランダをはじめとする欧米諸国では一般的な理にかなった管理方法である。もちろんハイワイヤー式でなくてもできる。国内でも実施している生産者が増え、効果を実感している。ぜひ一度試して、違いを感じてほしい。

光はワット、ジュールで評価する

なお、ハウス栽培で使われる光の単位には、大きく分けて照度と日射量がある。

照度とは人間の眼に感じる明るさを示すもので、単位はルクス（lx）である。日射量とは、太陽光からの放射エネルギー量のことで、単位はワット（W／㎡）を用いる。

人間の眼は緑を明るく感じ、光合成に必要な青や赤の光を暗く感じる特性があるので、植物の光合成を評価するのに適しているのはワットである（しかし、日射計は高価で、照度計の約一〇倍の価格）。

ワットを測定すると、一日の積算日射量を示すジュール（J／㎠）が計算できる。植物の光合成量は、この積算日射量で決まる。ワットとジュールの違いは、車に置き換えて考えるといいだろう。時速六〇㎞で一日運転し、家に帰ったら走行距離が二一〇㎞だった。光の場合は、時速がワットで、一日の走行距離がジュールである。

事例❻

トマトの摘葉と側枝伸ばしで日射量を確保する

栃木県壬生町・小島高雄さん、寛明さん

一五tから三〇tへ飛躍的な増収を果たしたトマト農家の小島さん（30ページ）は、日射量の変化に対応した植物体管理をしている。

定植時に比較的密植（一〇a当たり二五〇〇株、栃木県標準の一・二倍）にし、日射が少なくなり始める十月頃から生長点付近の葉を間引き（写真2―15、2―16）、一株当たりの日射量を確保することに努めている。その後、日射量が増えてくる一月からは数株に一本、側枝を伸ばして二本仕立ての株をつくり（写真2―17）、光の利用効率を高めるようにしている。日射量が増えてきたときに主枝本数を増やすことで、株本数は同じでも密植（主枝本数は一〇a当たり三〇〇〇本）したことと同じ効果が得られるのである（松本、二〇一四）。

写真2－15　小島氏の摘葉。これは摘葉する前

写真2－16　果房裏の葉をハサミで摘む

写真2－17　日射量が増えてきたら、写真のように途中から側枝を伸ばして枝数を増やす

事例⑦

バラのオランダ流切り上げ仕立てで、坪当たり五〇〇本切り

広島県竹原市・神田昌紀さん

神田さんは日中のCO_2施用などの環境制御技術を取り入れた結果、五年前には二五〇～二八〇本だった坪当たり切り花本数を五〇〇本まで急激に増やしている。

大きく変えた栽培管理のうちの一つが仕立て方法である。当初は図2―21のようなアーチング栽培をしていたが、オランダの標準的な栽培法である切り上げ仕立て（図2―22）に切り替えた。

この仕立て方は、いい品質のバラが切れるが収量は伸びないアーチング栽培に対して、品質を落とさずに収量を増やすことができる。

その理由は、アーチング栽培のような一斉採花ではなくダラダラ採花となるため、周年にわたり光合成能力の高い立ち枝の群落がつくられること。さらに、日射量が減る秋の切り下げでは採花本数が減り、日射量が増える春の切り上げでは採花本数が増えるので、日射量に応じて受光量と光合成を最大化できることである。

神田さんの次なる目標は坪六〇〇本だそうである。オランダの坪一二〇〇本に向かって励んでいる。

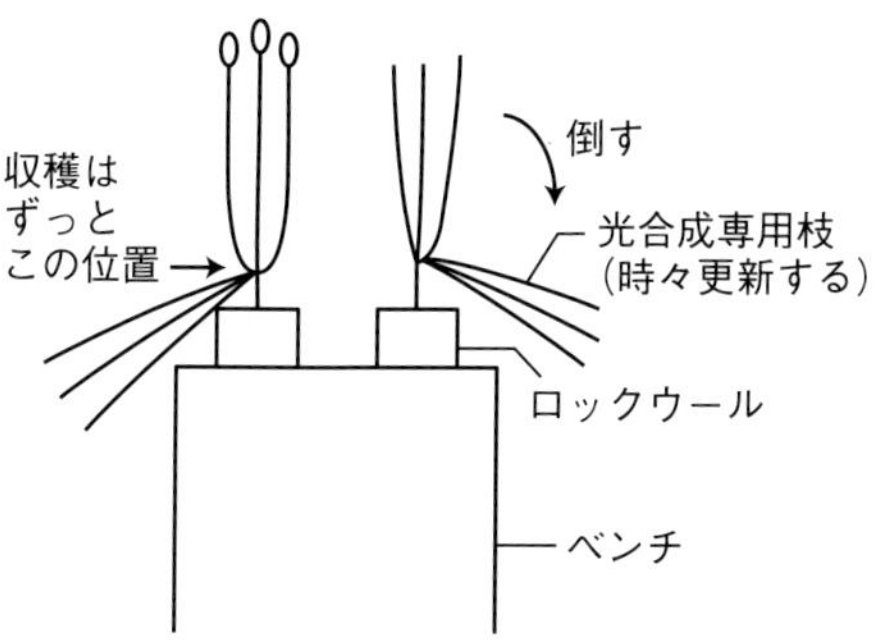

定植後しばらくの間、発生する枝をすべて倒し（光合成専用枝）、株元から伸びる枝を一斉収穫。立ち枝がなくなり株元に光がよく当たって品質のいい花が切れる。収穫位置が変わらず作業性もよい。土耕ではやれない

図2－21　去年までやっていたアーチング栽培

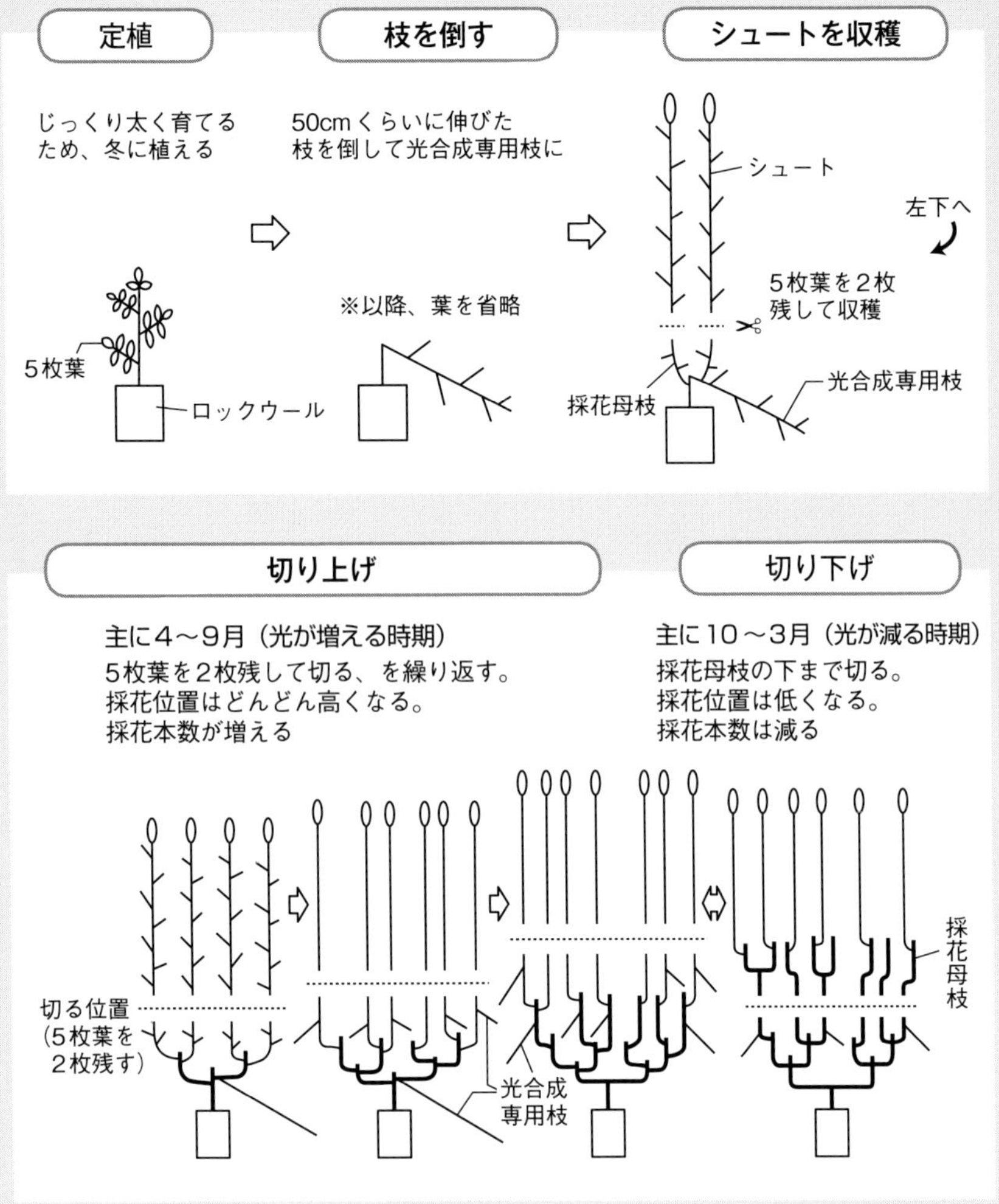

◎シュートのうち、太い枝は伸ばして収穫。細い枝の一部を倒して光合成専用枝にする。
◎折り曲げた株元から発生する枝を切るアーチングと違い、切り上げでは次に伸びる芽があるため、枝の伸び上がりが早く、回転も早い。
◎一斉ではなくダラダラ切り。光合成能力が高い立ち枝が常にある。
◎土耕でもできる。

図2－22　オランダ流の新切り上げ仕立て（概念図）

第3章

よくある質問

――環境制御35のQ＆A

1 CO_2施用のQ&A

Q1 CO_2を施用しても効果がないのはどうして？

二割の増収が期待できるはず

CO_2は光合成の原料である。正しい方法でCO_2を施用すれば、必ず効果はある。たとえばイチゴやトマトなら、二〇％の収量増加が期待できる。

いっぽうで「CO_2を施用しても効果がない」、もしくは「収量がわずかしか増加しない」という相談をよく受ける。その理由は大きく分けて二つ考えられる。光合成が増大していないケースと、光合成でつくられた糖が果実に転流していないケースである。

まず、CO_2を施用しても光合成が増えない原因を探っていこう。

施用時間・施用量が足りない

最初に疑うのは、施用時間や施用量が足りているか、ということである。

「効果がない」という方に共通しているのは、CO_2濃度を（他の環境条件も含めて）測定していないということ。「灯油燃焼タイプのCO_2発生装置を一時間に一五分間作動させているが、これで大丈夫か？」と聞かれたりするが、これではCO_2が足りているかどうかわからない。

CO_2施用のポイントは二つ。まず、日中にハウス内のCO_2濃度が外気の濃度と同じ四〇〇ppmを下回らないようにすること。そのためには、日の出後、CO_2が何時に四〇〇ppmまで低下するかを測定し、その時間から施用を始める。冬期はおおよそ日の出二時間後以降からの施用になると思われる。そして日の入直前まで施用する。

また、濃度だけでなく、施用量を把握すること。収穫期のトマトやイチゴ、バラやキクでは一時間に一〇a当たり最低三kg、最大六kg程度のCO_2が必要である。多くの発生装置の説明書には、「一時間の施用で何kgのCO_2が発生する」というようなことが書かれている。今一度、確認してほしい。CO_2は濃度と量の両方で考えることである。

かん水と施肥が足りない

CO_2の施用はよくても、それ以外の環境条件が不適切で光合成量が増大していない場合もある。とくに、光合成のもうひとつの原料である水が足りないハウスが多い。

CO_2を施用すると、八月定植のトマトで十二月上旬に葉先枯れが発生することがある。葉先枯れは日射量が増える春に発生することが多いが、冬の発生はかん水不足とそれによる肥料不足が原因である。CO_2を施用すると、真冬でも水と肥料の要求量が増えるために葉先枯れになるのである。

水と肥料以外では、湿度（飽差）も重要である。ハウスが乾きすぎていると蒸散が不十分となり吸水量が低下する。また、気孔が閉じてCO_2が吸われにくくなる。

温度を午前中に高くしている

光合成が増えても、それが収量に結び付いていないケースもある。「CO_2を施用したら茎が太くなりすぎた」「葉が大きくなりすぎた」という相談がこのケースである。これらは光合成産物の果実などへの転流が不足している状態で、原因は温度管理にある。

CO_2を施用したときは温度を高くしたほうがいいが、どの時間帯の温度を高くするかが重要である。やってはいけないのは、CO_2が逃げないようにと換気窓を閉めて、午前中の設定温度を高くすることである。午前中のハウス内温度を高くすると、節間が伸びたり葉が大きくなったりする。

重要なのは、午後の温度を上げることである。午前よりも午後の温度を高くして転流を促せば、CO_2の効果が出るようになる。

ただし午後の高温管理といっても、今まで二五度で管理していたのを二七度にするというわけではない。高すぎる温度は呼吸の増大になるので注意する（図3―1）。

午後の温度管理は、目標とする温度（ここでは二五度）を長時間にわたって維持するようにする。時期によっては、日の入前の夕方に暖房が必要になる（図3―2）。これによって転流と呼吸を促し、果実を肥大させることができる。

冬期は五〇〇～六〇〇ppm管理も

日射量が低下する冬期は樹勢が強くなったり、低温で転流が進まず栄養生長傾向になったりする。CO_2施用を減らす、もしくは中止するという対策方法もあるが、光合成量がますます減ってしまう。

そこで逆に、日の入直前までの積極的なCO_2施用をすすめる。それも、外気より一〇〇～二〇〇ppm高い五〇〇～六〇〇ppmにする。この時期は外気温が低く、日中でも天窓の開度が小さくなるため、CO_2濃度を容易に外気より高められる。

さらに、かん水のECを高め、かん水量も増やして光合成速度を増大させる。その結果、生長点への糖の分配量が増大し、いい花が形成されて着果負担が増し、生殖生長に傾かせることができる。

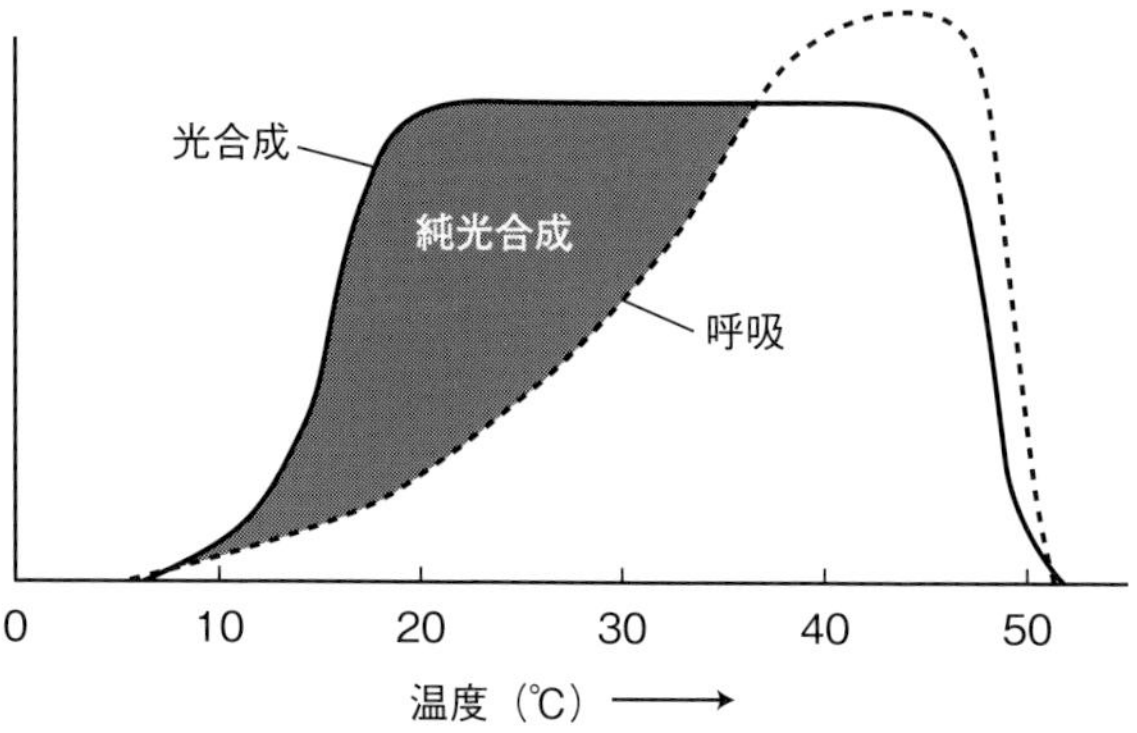

図3－1　温度と呼吸と光合成
（Kamp and Timmerman、2004）
温度が上昇すると純光合成量が低下する

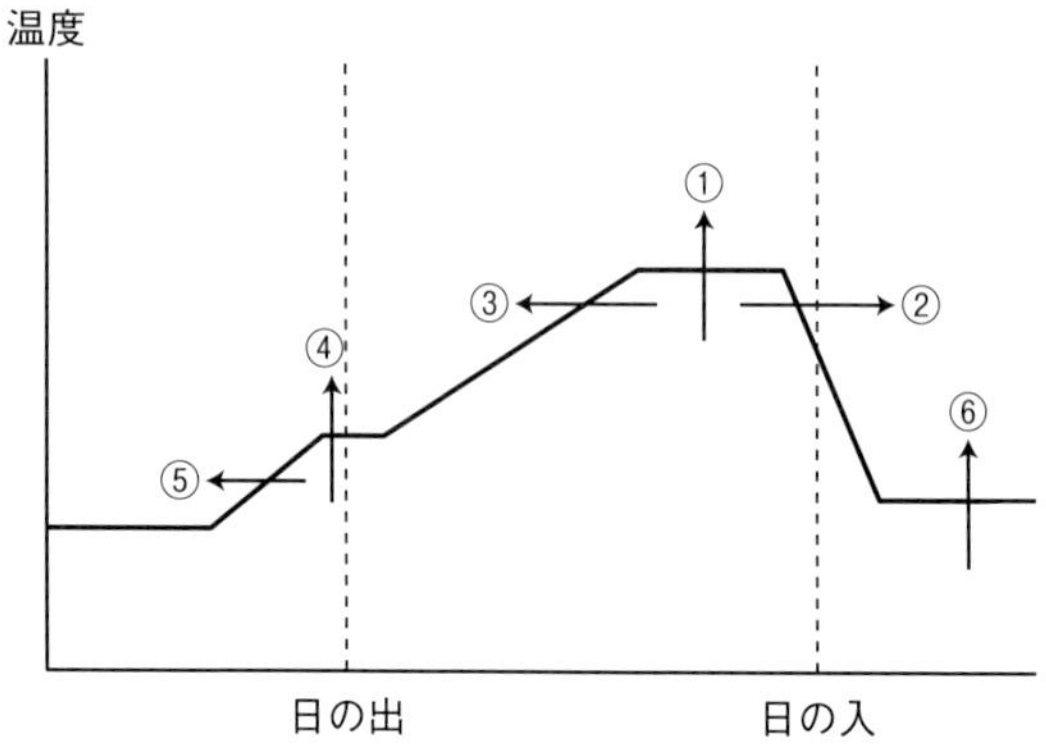

図3－2　転流を促進する「午前より午後」高温管理
茎太りや葉が大きくなりすぎたときは、午後の温度を高く維持して転流を促進する。温度は番号の順番で高めると効果的。とくに②と③を変更するとよい。④～⑥の管理には多くの燃料代が必要となる

ただし、CO_2濃度を外気より高めるのは、天窓の開度がおおよそ三〇%以下の時のみとする。それ以上の開度になるとせっかく外気より高めたCO_2が一瞬で外気の濃度まで下がってしまう。一〇〇〇ppm程度の高濃度では、その低下速度はさらに速くなる。このような高濃度施用はすすめられない。天窓開度とCO_2濃度の変化を確認することが重要である。

CO_2センサーの定期補正を

「冬の日中、CO_2を施用していない収

穫期のトマトハウス内でCO_2を簡易センサーで測ったら、五〇〇ppmあった。CO_2施用は必要ないか?」という質問もある。

しかしこのような条件では多くの場合、ハウス内のCO_2濃度は外気よりも低い二〇〇ppm程度になるはずである。一度そのセンサーで外気を測定してみてほしい。それで、たとえば四〇〇ppm以上を示すようならば、センサーの補正が必要。多くのCO_2センサーは定期的な補正が必要である。

補正ができない場合は、外気を測定し、その値よりも低くならないようにCO_2を施用する。

Q2 春、換気窓が大きく開くようになったら、いつまで施用すればいいか?

換気が始まっても濃度は低い

春になると、日差しが強く外気温も上がってくる。ハウス内温度も高く、換気窓が積極的に開くようになり、CO_2を施用するべきかどうか悩む。CO_2を施用してもムダになる、施用しなくても外から入ってくる、そう考えてCO_2施用をやめる方が多くいる。

ところが、トマトやナスなど、収穫期の群落内のCO_2濃度を測ってみると、天窓が開いていても外気の濃度(四〇〇ppm)を下回っている。日射に比例して光合成量が増大している時期なので、CO_2施用は必須なのである。

濃度施用から量施用に切り替える

しかしこの時期、CO_2を濃度で制御しようとすると、発生装置が連続的に動き続け、経費が多くかかるような印象をもつ方がいる。確かに、センサーで濃度を測定してハウス内CO_2を四〇〇ppmになるよう施用するのは、かなり難しくなってくる。

そこで、換気窓が大きく開くようになったら、濃度管理ではなく量管理に切り替えることを勧める。発生装置が動きっぱなしということはなく、光合成量も確保できる。

施用量は、一〇a当たり、一時間に最低三kg程度施用すればいいだろう。発生装置の施用容量を確認して、一時間当たりの動作時間を計算する。そしてタイマーで施用して、実際の濃度変化を確認する。四〇〇ppmを下回る時間帯があれば、その時間帯の施用回数を増やす。この方法は施用が簡単で、かつ経費の計算もできる。

サイドが一日中全開で中止

その後、外気温はさらに上がって、天窓の開閉では足りず、サイドの巻き上げ換気も全開にするような時期になる。そうなっても、ハウス内のCO_2濃度が外気よりも低いようであれば施用を続ける。

三〇〇〇㎡程度の大きなハウスでは、サイド換気が全開でも、群落内のCO_2濃度は四〇〇ppmよりも低いはず。施用が必要である。

天窓やサイド換気が開くのは、ハウス内の気温が高くなるからである。ところが、CO_2を施用すれば灯油やプロパンガスを燃焼させるため、ハウス内にさらに熱を供給することになってしまう（生ガス利用の場合は問題にならない）。CO_2を施用するか、温度を適切に管理するか、どちらをとるか判断が必要になる。

私は多くの場合、サイド換気が一日中全開になるまでは、CO_2施用を続けるようアドバイスしている。

その後は温度を優先して管理する。関東地方以西の太平洋側でのトマト栽培では、少なくとも五月中旬頃までは施用したほうがいい。

施用時間を徐々に短くしてやめる

CO_2施用をやめる場合は、施用時間を徐々に短くする。急にやめてはいけない。CO_2施用を行なうと、葉の気孔の数が減少するという報告がある。その状態でCO_2施用を突然やめてしまうと、光合成が急に低下して、生育が停滞する可能性があるので注意したい。

春先施用のポイント

では、施用中止までのポイントを三つ紹介する。

▼ダクト施用にする

CO_2発生装置の周りだけ生育がいいというハウスがある。発生装置から離れると、施用の効果がみられないのである。面積が大きなハウスで、発生装置の吹き出し口からだけで施用をしている場合によくある。冬季はそれほど問題がなかったのに、換気窓が積極的に開くようになる時期に顕著となる。

原因はCO_2がハウス内に均等に広がっていないことである。この時期は特に、ダクトなどを使った株元施用をすすめる。

▼高濃度施用はねらわない

春になると換気窓が開き始める時間が早くなる。そこで、高いCO_2濃度を長く維持しようとして、午前中の設定温度を高くして換気を遅らせる方がいる。CO_2濃度を優先し、温度や湿度を無視した管理である。

このような管理では、植物の節間や葉が伸長して柔らかくなってしまう。徒長である。換気後の急激な温湿度変化でしおれやすくもなる。したがって午前中の蒸し込みはやめる。

冬場は、換気窓があまり開かない曇天日にCO_2濃度を五〇〇～六〇〇ppmまで

写真3－1　5月中旬でもCO_2を施用しているハウス。天窓は全開で、約15%遮光の保温カーテン（XLS10ウルトラ）を閉めている

上げて管理する方法を紹介した（71ページ）。しかし私の経験上、天窓の開閉幅が一mのハウスでは、三〇%程度開くとCO_2濃度を外気より高く維持するのは難しくなり、五〇%以上開くとほぼ不可能となる。この時期、CO_2濃度は四〇〇ppmで十分である。

▼カーテンや細霧を多用しない

CO_2濃度を高めるため、五〇%の遮光カーテンや細霧装置を積極的に使って、換気窓が開かないようにする方もいる。

しかし、光合成において最優先すべきは光。CO_2や温度、湿度よりも光のほうが重要である。春のトマト栽培では光が飽和する時間は少ないので、五〇%程度の遮光はほとんど必要ない。遮光する場合は、保温カーテンなどを用いた軽度な遮光が適している。また、細霧装置は蒸散量を低下させ、養水分の吸収量が低下してしまう。

いずれの設備も栽培上有効な機器だが、使いすぎは植物を軟化（水ぶくれに）させるので注意する。

Q3 暖房を兼ねた早朝の高濃度CO_2施用（二〇〇〇ppm以上）は意味がない？

A 二〇〇〇ppm以上の高濃度のCO_2は気孔を閉じさせる。特に春などに高濃度施用すると気孔が閉じやすくなって蒸散が減り、しおれやすくなるので注意する。

Q4 低温期の晴天日の朝、カーテンを開けるタイミングはどう決めたらいい？

A 遮光率五〇%程度のカーテンは日の出後なるべく早い時間で開ける。光

透過率のいい保温カーテンは省エネのために日の出後も閉めておくことができる。その後、光が強くなってきたときに開けることになるが、そのタイミングはハウス内のCO_2濃度変化をみて決める。CO_2は日の入後から日の出にかけて呼吸により上昇する。日の出とともに植物は光合成を開始するがCO_2は若干上昇する（光合成＜呼吸）。その後上昇は止まり濃度変化が一定になる時間帯がある。このときの光強度が光補償点（光合成＝呼吸）である。以降は光強度の上昇によりCO_2は急低下する。カーテンはこの時点で開ける。光合成は光が多ければ多いほど増大する。光透過率のよいカーテンといえども一五％程度遮光をしてしまうので、タイミングをみて開けたほうがよい。ただし外気温が低い場合は開ける時間を遅らせる。

Q5 冬の日の出時のCO_2濃度が高い日と低い日がある。原因は何？

A 風の強い日に、日の出時のCO_2濃度が低い場合がある。これはハウスの密閉性が低く、隙間風が入ってCO_2が漏れている可能性がある。同時に熱も漏れているので保温性が低下する。密閉性のいいハウスでは、日の出時のCO_2濃度は養液栽培では八〇〇ppm、土耕栽培では一五〇〇ppm程度まで上昇するのがふつうである。

Q6 CO_2施用をしたら樹が強くなったが施用をやめたほうがいい？

A 転流が進んでいない状態である。CO_2施用をやめる方法もあるが、攻めの栽培にはならない。逆に積極的に施用して、CO_2濃度を外気より一〇〇～二〇〇ppm高めて、五〇〇～六〇〇ppmに管理し、いい花を咲かせて着果負担を増大させる。そして、増やした光合成産物の転流を進めるために午後の温度を高めにする。かん水量も増やす。減らすではダメ。ＥＣも上げて肥料を十分量施用する。光合成そして乾物重の増加が収量増加になるというのが前提条件である。

Q7 秋にCO_2施用したらバラが徒長し、花が小さくなったのはなぜ？

A CO_2施用したときの植物の反応はふつう逆になる。施用しているCO_2が逃げないようにと午前中に高温管理をしているのが徒長の原因である。茎が柔らかくなるのも同じことが原因。

Q8 CO_2施用するとトマトの収穫可能段数が増加する？

A 収穫段数は増えない。CO_2施用は、葉や花を発生させる発育速度には影響しない。葉や果実を肥大させる生長のみに影響する。もし実際に段数が増加したのであれば、CO_2施用が直接の原因ではなく、CO_2発生器の熱と、転流を促すために午後の温度を高くしたことによって、日平均気温が高くなったためと考えられる。

Q9 ダクトを使ったCO_2施用は必要？

A やらないよりはやったほうがいい。とくに間口が狭いのに奥行きが一〇〇mもあるようなハウスでは効果的。天窓が閉まっているときは問題ないが、天窓が開いているときはすぐに天窓から逃げてしまうので、導入効果が高い。CO_2の拡散スピードは速い。

Q10 CO_2施用機の近くだけ生育がいいのだが？

A CO_2がハウス全体に拡散していない。特に春になり、換気窓を開ける回数が多くなると拡散ムラができて、そのようなことになる場合が多い。そのような場合はダクトでの施用（30ページ）が有効である。拡散が均一となり、生育も揃うようになる。

Q11 CO_2は空気より重いからハウス内では地表近くに溜まるのでは？

A CO_2は分子量からみると空気より約一・五倍重いが、実際には下のほうに溜まることはない。一〇〇〇ppmのCO_2でも空気中に占める割合はわずか〇・一％の濃度であり、CO_2は濃度差で絶えず高い濃度から低い濃度へと移動する。だから天窓が閉まっている環境では高さ方向でのCO_2の濃度差はほとんどないと考えるべきである。また、灯油やプロパンガスを燃焼させてCO_2を施用する場合、CO_2は熱風とともに発生する。温かい空気は上昇するのでCO_2も一緒に天窓側に移動してしまうと考える方がいる。これも間違いである。前記のとおり、CO_2は単に濃度差による拡散で移動すると考えればよい。

ダクトを使用したCO_2施用をして、天窓が開いているときは、CO_2は天窓から逃げるので天窓からもっとも距離が遠い地表面に設置するのがよい。

Q12 CO_2施用時は循環扇を利用したほうがいい？

A 循環扇を利用したほうがCO_2の拡散効果になる。ただし天窓が閉まっているときだけである。天窓が開いているときは上昇気流が発生して、CO_2は天窓から逃げてしまうので、循環扇は止めておくほうがいい。

2 湿度管理のQ&A

Q13 夕方に一気に温度を下げると植物体が結露しない？ 換気したほうがいいのでは？

A 結露の心配はない。結露は気温と植物体温の差が原因。午後は植物体温度が上昇しているので、気温との差が少ない、もしくは植物体温のほうが高いため結露する危険性は少なくなる。いっぽう朝は、日の出後に気温が急上昇するが植物体温はゆっくりと上昇するため、そこに温度差が発生して結露する。果実温度の変化を把握するとわかりやすい。

Q14 午後の温度を高めるような管理をすると午後の換気が少なくなり湿度が高くなる。そのまま夜間の温度帯に入ると病気が心配。日の入前後に換気窓を開けて除湿したほうがいい？

A 換気する意味はない。夕方一度だけの空気の入れ替えでは夜間の湿度は下がらない。換気窓を開けて空気を入れ替えると確かに一時的に湿度は低下するが、一時間もしないうちに元の湿度に戻る。夜間の湿度を低く維持するためには継続的な除湿が必要である。

Q15 夜間の湿度は何%がいい？

A 気温が一度下がると相対湿度が五%上昇する。ハウス内には三度程度の温度差があるので、湿度は八五%以下に管理する。湿度が異なると蒸散量も変わる。湿度が高い場所は蒸散量も少なく葉が水ぶくれ状態になる。さらに菌の発生が高くなり、この二つの理由で病気が発生しやすくなる。

Q16 冬場のハウス内湿度が高いのだが、何か対策は？

A 締め切ったハウス内での地表からの蒸発は無視できないほど多いので、地表全面にマルチを設置する。株元もしっかりと口を閉める。養液栽培でみかけるクロス（織物）のマルチでは水が上がってきてしまう。クロスのマルチの下にポリマルチを設置することをおすすめする。

Q17 春にハウス内の湿度を上げたいときに通路かん水は効果がある？

A 効果はない。土からの蒸散量で、乾燥対策になるほど湿度が上昇することはない。土耕栽培で湿度が上昇したのであれば、土からの蒸散量が増えたのではなく、かん水量が増えて植物の蒸散量が増えた可能性がある。湿度を上げる最良の方法は、かん水を増やして植物の蒸散を増やすことである。

Q18 雨の日も天窓を開けて換気をしたら湿度は下がる？

A 絶対湿度を確認して、ハウス内よりハウス外のほうが絶対湿度が低ければ湿度は下がる。低温期なら下がる。

Q19 バラ生産者だが、湿度を下げたくて夜温を高くしているがいいか？

A 各作物には適温があるのでそれを守る。夜温を高めると高湿度対策にはなるが、品質低下の原因となる。湿度が高くならないような透湿性カーテンを使うとよい。ただし外気温が高いのにカーテンを使いすぎないこと。暖房機が作動せずに湿度が高くなる。

3 温度管理のQ&A

Q20 低温期のトマトがなかなか着色しないのはなぜ？

A 夜間の最低温度がリコペンの生成温度以下の可能性がある。リコペンの生成温度は一二度以上なので、夜温が一二度以下ではトマトは着色しない。いっぽう、茎の展開（発育）はすすみ、花房が発生して着生果房数が増大する。結果、着果負担の増大の原因となる。

Q21 高温期にトマトの着色が斑になるのはなぜ？

A 果実温の高温による着色不良である。リコペンは三〇度以上では生成せずβ―カロテンのみが生成されている状態。果房を葉で覆い、直射日光からさえぎる。

Q22 温度センサを設置して測ったほうがいいところは植物体付近の他にある？

A カーテン上の温度を測定するとよい。カーテンを開けるタイミングがわかる。夜間のカーテン上の温度は外気温よりも低いが、日の出とともに高くなる。このタイミングで開ける。

4 光管理のQ&A

Q23 古いハウス内が暗い。明るくするにはどうしたらいい？

ハウスの構造物が光を遮っている

日射量が少なくなる冬場によくある相談である。

植物が光合成をする際のエネルギーは光で、光の増加は光合成量の増加となる。光が一%増えると光合成量も一%増える。植物の生長にもっとも重要な環境因子は光なのである。もちろんCO_2や水も重要だが、これらは増やそうと思えば容易に増やせる。しかし日射量は「今日、晴れてほしい」と思っても増えるものではない。しかもハウス栽培では露地栽培と違って、光は作物に直接到達しない。ハウスの被覆資材を通して植物に到達し、鋼材（柱や屋根材）に遮られる光も少なくない。光を増やすには、ハウスの光透過率を高めることが重要になる。

屋根の洗浄が効果的

植物の受光量を増やすには、まずハウス内により多くの光を入射させることである。じつは一般的な鉄骨ハウスの光透過率はわずか五〇〜六〇%程度。この割合を少しでも高めるようにしたい。まずは被覆資材に注目しよう。

被覆資材がガラスや樹脂フィルムの場合は、屋根の洗浄が効果的である。車のワイパーを動かすと、フロントガ

写真３－２　結露して光透過率が低下した被覆資材（外張り）。吹き付け式の流滴剤で結露は防げる

写真３－３　結露した内張り（農ビ）。内張りには結露しない資材を選びたい

写真３－４　収束性の高いカーテン装置（ＳＨフィット）とカーテン（ＬＳスクリーン）は陰が小さい。

ラスの汚れ具合に驚くことがある。また降雪後にハウス内が明るくなったのを経験した人もいるだろう。私たちが想像している以上に、被覆資材はいつの間にか汚れているのである。

ただし、洗浄は高所での作業となるので事故には十分に気をつける。また、樹脂フィルムの場合は、洗浄時に表面を傷付けないように注意する。

光を重視するオランダのトマト生産者は、定植前（十二月）と初秋（九月）の年二回、洗車ブラシのようなものが付いた機械で屋根（ガラス）を洗浄している。ガラス資材の場合、洗浄すると光透過率が約一〇％も向上する。

流滴剤を塗るか、被覆資材を替える

被覆資材が古くなると流滴性が低下し、資材の内側に結露するようにもなる。被覆資材への結露は光透過率を約九％低下させるという試験報告もある。

被覆資材に流滴剤（防曇剤）を定期的に塗布して、結露を防ぐことをすすめる。

光透過率が著しく低下している場合は、被覆資材を張り替えよう。高い光透過率を長期間にわたって維持できる被覆資材としては、フッ素樹脂フィルム「エフクリーン」（ＡＧＣグリーンテック）に勝るものはない。値段は高いが、一〇年以上使える。

カーテンは朝なるべく早く開ける

ハウス内に入射した光は、カーテン装置や誘引器具など内部の資材によっても遮光される。とくにカーテン設備がつくる陰の割合は大きいため、閉時（未使用時）に収束性が高い装置とスクリーンの選択が重要である。

冬季はカーテンの使用方法も重要になる。遮光率五〇％程度のカーテンは、朝なるべく早く開けよう。ハウス内の温度が下がるのを嫌がって日の出一時間後まで閉めている方もいるが、せっかくの光がムダになってしまう。カーテンを開けると確かに温度は下がるが、暖房で補うこともできる。光はつくり出せない。

いっぽう、保温用の透明カーテンならば日の出後も閉めておくことができる。ただし、透明カーテンも被覆資材（外張り）同様、高い光透過率を長期間維持できるものを選ぶ。また日中は曇天日でも透明カーテンは閉めない、もしくは最小限にしてハウス内に光を多く入れる。

地面に落ちた光は反射させる

とはいっても、ハウス内に入った光をすべて葉で受けきることは困難である。そこで前述したように、地面に到達した一部の光をマルチで反射させて利用する。マルチは白色マルチをすすめる。

収穫期間中のトマトの場合、白マルチを敷くと、光合成量は裸地の状態に比べて七％増大すると報告されている。白マルチは作の途中からでも設置できるので、ぜひ試してほしい。

栃木県内のあるトマト部会では、越冬土耕生産者の約五〇％が黒マルチから白マルチに替えたそうである。

補光は最後の手段

このように、葉の受光量を増やすには、ちょっとしたことの積み重ねが重要になる。光を補うためのＬＥＤ設置などは、ここで述べたようなことを十分に実施して、それでも足りない場合に検討する。

また、「今年は光が少ない」とか「うちの地域はあそこより光が少ない」など、自然環境のせいにする前に、今ある太陽光を最大限に有効活用することが重要である。

Q24 低温期の曇りの日の昼間はカーテンを閉めても大丈夫？

A 光合成のためには光は多ければ多いほどよいので可能な限り閉めないようにする。冬の曇天日、トマトのように多くの光を必要とする植物であっても、適温であれば光合成はできる。その光条件で光合成ができているか否かの判断はCO_2濃度の変化を確認するとわかりやすい。天窓が閉まった条件で、曇りの日でもCO_2濃度が低下していくのであれば光合成できる光強度と判断できる。外気濃度よりも低い四〇〇ppm以下に低下するのであれば確実に光合成ができている。このときに重要なのは光とともに光合成の適温（トマトでは一七℃以上）を確保することである。同じ光条件でも適温以下だと十分な光合成ができずCO_2濃度が低下しないことがある。つまりカーテンを開けて暖房する必要がある。一方、雨の日などの光強度ではCO_2濃度がほとんど変わらないことがある。この場合は温度を優先してカーテンを閉めてもよい。

Q25 ナスやピーマンはトマトほど光が必要ないし、温度と湿度を重視したいから、カーテンは日中閉めておいたほうがいいのでは？

A カーテンは開けて光を入れたほうがいい。一枚の葉でみたナスやピーマンの光飽和点はトマトより低いが、群落でみると光合成が飽和することはない。光を効率的に利用するためにカーテンを開けて、主枝間隔を狭める。

Q26 トマト栽培で、一月以降に側枝を伸長させて主枝本数を増やす利点は何？

A このようにすることで冬至を過ぎて増えてくる日射をムダにせず、トマト群落の受光量を増大させて葉面積指数を増やし、収量を増やすことができる。葉面積指数（LAI）は日射量に比例して増やすことが原則になる。このとき株当たりの葉数ではなく面積当たりの葉数で考える。その対策として効果的なのが一月下旬ころから二〇％から三〇％の株を二本仕立てにする側枝伸長である。春に日射量が増大しても主枝間隔が冬と同じだと、株当たりの受光量が多すぎて、萎れや果実の日焼け果が発生しやすくなる。側枝伸長による主枝本数の増加は株同士の相互遮蔽によって、春以降の遮光資材の利用頻度を減らして光を有効に活用することができるようになる。さらには葉面積指数の増加は蒸散量の増加により、春の群落内湿度を上げ、群落内気温を下げることもできる。

5 病気や障害の対策Q&A

Q27 春先に換気するとしおれてしまう

根量は減っていないか
かん水量は不足していないか

関東地方以西の太平洋側では、二月中旬から四月上旬、朝の外気温はまだ低いものの日差しは強くなる。その頃は、日の出後にハウス内の気温が急上昇し、換気窓を開けると作物がしおれてしまうことがよくある。その原因はひとつではない（図3—3）。

春先に換気すると作物が萎れてしまうという場合は、根の状態とかん水量をまず確認してほしい。

冬の低日射期を過ごしてきた作物は光合成が不十分で、根の量が不足したり傷んだりしている場合がある。地上部の生長点や葉、果実は自然と目に入るが、根は通常目視できないところにある。意識して、最低でも週に一回は根の様子（細かい根の量）を確認する。

養液栽培の場合はカバーやラッピングをめくって根の様子を確認する。土耕栽培の場合は透明なプラスチックの虫カゴなどを株元に埋設して確認する。

根が減っている場合はかん水量を減らす。かん水量が多くて多湿で根が減っている場合が多いので、土壌水分率を下げて根量を増加させる。また、低温管理も有効である。日射に対して温度（平均気温）が高いと、呼吸量が増えて根量が減る。さらに、CO_2の積極施用も、光合成増大と根の活性化に有効である。

根が健全な場合はかん水量を増やす。そもそも水が足りないという方も多くいる。日射量の変化に応じたかん水量になっているか、改めて確認してほしい。

①ハウス内の高湿度
↓
②蒸散量が低下
↓
③葉のカルシウム濃度低下
↓
④細胞壁が軟化
↓
⑤環境ストレス
（急激な温湿度変化）
↓
⑥葉のしおれや損傷
（チップバーン）
↓
⑦灰色カビ病の発生

図3－3　環境と葉の損傷、しおれのしくみ

早朝の高湿度で蒸散量が減り、カルシウムが吸われていない

日の出後、作物は光を受けて蒸散を始める。しかし換気窓は閉まっているので、ハウス内湿度は高くなる。

日の出前後の暖房設定温度を夜間と同じように管理している場合は、日の出後も飽差は低く推移する（図3－4）。とくにPOフィルムなどの保温用カーテンを遅くまで閉めていると、顕著にそうなる。湿度が高く、作物が蒸散しにくい環境である。果実に結露が発生し、灰色カビ病の原因にもなる。

植物は日中に蒸散することで根が養水分を吸収し、葉へ送る（受動的吸収、57ページ）。ハウス内の湿度が高ければ蒸散量が減って、葉にカルシウムが運べなくなる。その結果、細胞壁が軟化し、軟らかく大きな「水ぶくれ」の葉となる。カルシウムは葉や果実に一度取り込まれると、他の部位（組織）へは移行しにくい成分である。

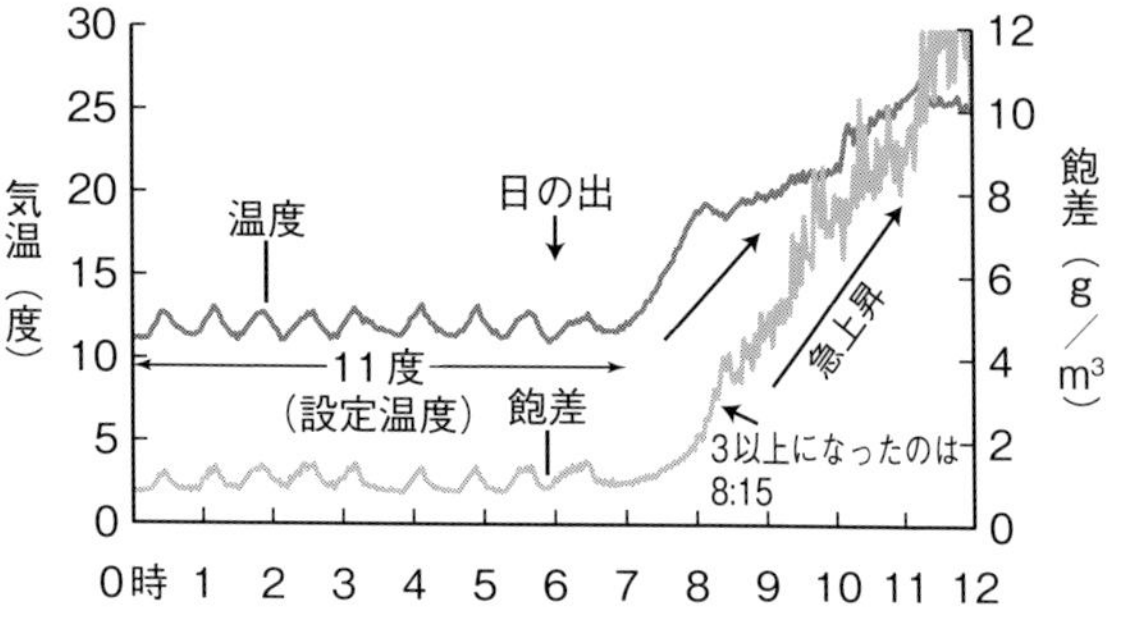

図3－4　急激に変化（3/9のトマトハウス）

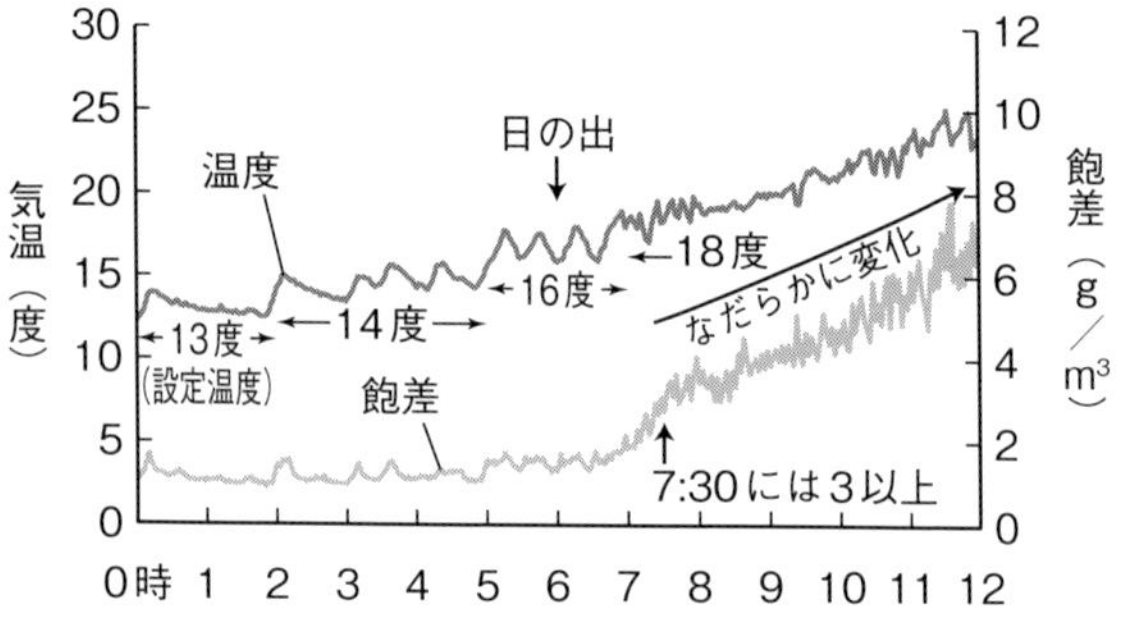

図3－5　なだらかに変化

一気に換気すると気孔が閉じる 灰色カビ病発生も

換気を開始して冷たく乾燥した外気が流入すると、作物にはストレスとなり、気孔が一瞬で閉じてしまう。一度閉じた気孔はなかなか開かない。

その結果、蒸散量が減って葉温が上昇、萎れや葉先枯れ（チップバーン）が発生する。とくに葉が「水ぶくれ」状態では、そうなりやすくなる。

損傷した葉は、灰色カビ病の発生元となり、あっという間にハウス中に広がるので注意したい。

なだらかな飽差管理を

ハウス内外の温度差が一〇度以上ある時の換気は要注意である。換気窓制御盤の感度や開度設定、風上風下の天窓開度を見直してほしい。とくに天窓直下の作物は萎れやすくなる。また、作物の生長点と換気窓が近い谷換気の場合は、さらに注意が必要である。

飽差管理で重要なのは、最適値といわれる三〜六（g／㎥）を維持することではない。飽差一五でも作物はしおれない。もっとも重要なことは、作物へのストレスとなる急激な温湿度変化を避けることである。日の出前後の暖房と、その後の換気方法に注意して、飽差を徐々に上げていくのである。

効果的な三つの管理

▼午前中の「蒸し込み」はやめる

では、いくつか具体的なハウスの管

理方法について説明する。

午前中の温度と湿度を高く管理をする「蒸し込み」は行なってはいけない。蒸し込みは正午前後までの蒸散を抑制して、徒長や水ぶくれを助長する。

「蒸し込み」はキュウリ栽培でとくに多い管理方法である。キュウリはトマトよりも高湿度を好むのは確かだが、人間がハウスに入って不快に感じるような高温多湿が本当に必要か疑問である。

午前中に蒸し込むと、その後の換気によって急激な温湿度変化が起こる。これが作物にはストレスとなり、萎れや葉先枯れの原因となる。

とくに春は午前中の温度が高くなりすぎないように適宜換気をする。温度を高くするのは午後である。

▼早朝加温とちょっとずつ換気

早朝、遅くても日の出三～四時間前から暖房を行ない、最低夜温から徐々に上げていく。トマトやキュウリなどでは、日の出時に光合成の適温一八度にする。また、保温カーテンは日の出後、できるだけ早い時間に開ける。日の出前後の気温と飽差を徐々に上昇させ、早い時間に飽差を三以上にするのである(図3—5)。

その日の環境要因によっては、多くのエネルギー(暖房代)が必要となるが、それ以上の効果がある。

春になり、夜間の暖房が必要なくなると、暖房機のダクトを片づけたりする方がいる。しかし、夜間の暖房をやめても、早朝加温は続ける。外気温が高くなっているので、冬季ほどのエネルギーは必要ない。

そして日の出一～二時間後から少しずつ換気をして、湿度を下げていく。これで、日の出直後から徐々に蒸散を増加させることができる。

しおれ対策はもとより、春に多いトマトでの尻腐れや灰色カビ病の対策にも効果的である。灰色カビ病対策には環境の最適化こそが有効で、農薬散布は発生時の対処方法でしかない。

▼曇天日の最終日に蒸散させる

曇雨天日が二日間続き、三日目に晴れると萎れが発生する場合がある。晴天日の急激な蒸散量増加のためである。遮光カーテンで蒸散量を抑制する方法があるが、せっかくの日射をムダにしてしまう。

そんなときは、その最終日、すなわち翌日晴天が予想される日の少なくとも午後だけでも積極的な暖房や換気により蒸散量を促す。こうすることで曇天日と晴天日の蒸散量の差が少なくなり、しおれにくくなる。

Q28 夏秋トマトで尻腐れ果や日焼け果が増えてしまう

雨よけ栽培のような開放型のハウスでは、冬場の栽培のように積極的なCO_2施用や温度管理などは難しくなる。しかし、かん水や植物体の管理によって、さまざまな問題を解決することができる。

尻腐れはカルシウム不足?

大玉トマト栽培でもっとも問題となる生理障害は尻腐れ果である。収穫量が増え始めたころ、澄みきった快晴で適度に暖かい日になると尻腐れ果が発生しやすくなる。

その原因はカルシウム欠乏とされている。しかし、多くの場合は肥料や土壌中のカルシウム不足が原因ではないように思える。カルシウム施用が不足しているのではなく、植物体へのカルシウム吸収とその分配が適切ではないと考えるべきで、カルシウムの吸収や分配には、かん水や温度、湿度などが影響する。尻腐れ果は、地下部のカルシウム濃度ばかりに関心を寄せても解決できない。

かん水量が足りない

まず、根が健全か確認してほしい。カルシウムは他の肥料とは異なり、根の先端部と細根のみで吸収できる。吸収には新しい健全な根が必要である。根が傷んでいる場合は、株元に気根が多く発生する（写真3—5）。

根が健全ならば、かん水不足が疑われる。尻腐れ果は蒸散不足、もしくはかん水量不足の時に発生する。肥料は根から吸われた水の流れにのって植物体内に取り込まれる。そして、チッソやカリウムなどは古い葉から新しい葉へ容易に移動することができるが、カルシウムはできない（図3—6）。

そのため、カルシウムは蒸散される部位に多く送られることになる。結果、カルシウム欠乏は蒸散があまり行なわれない果実や新葉、葉の縁、花に発生する。新葉での葉焼けもカルシウム欠乏により発生している。

効果的な三つの対策

▼積極かん水

そこで尻腐れ果対策には、植物が必要な時に必要量の水をしっかりと与える。トマトでは春から夏にかけて、晴天日のかん水量は一日一〇a当たり六t程度必要である。

そして温度や湿度を急激に変化させずに気孔を開かせて、蒸散を促すことである。たとえば、曇天日の翌日に突然晴れると、過度な蒸散が起こる。

カーテンなどを利用した遮光は、水不足による萎れや尻腐れ果の発生を抑制できるが、光合成量は低下してしまう。

葉が十分な蒸散を行なっているかどうかは、簡易な放射温度計で葉温を測定すれば確認できる。しっかりと蒸散を行なっている葉は気温より二〜三度低く、萎れているような葉は逆に気温より二〜三度高くなる。

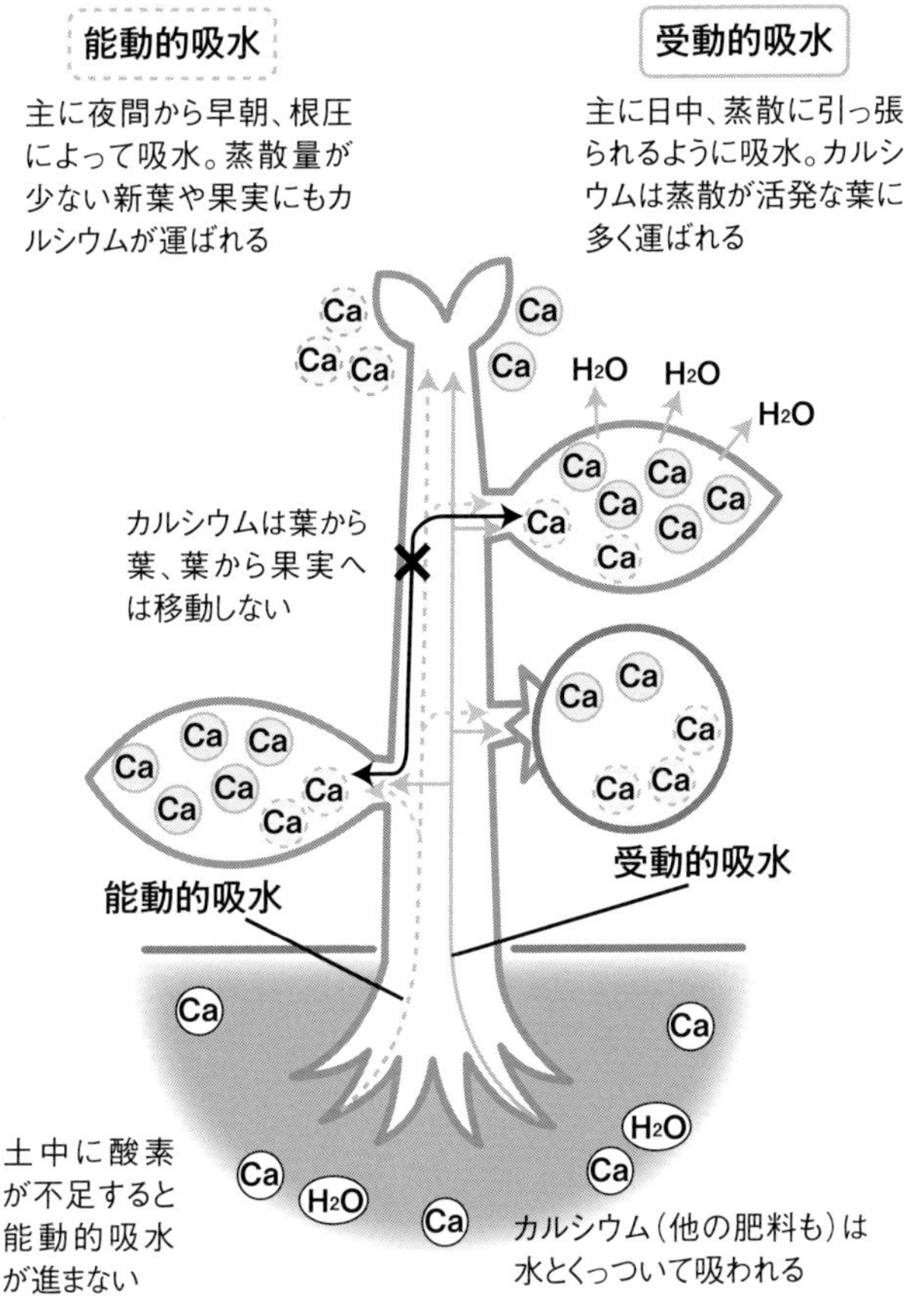

図3－6　植物体内でのカルシウムの動き

また、かん水量を増やしても、夜間は培地が乾くように管理しなくてはいけない。水と肥料の吸収には受動的吸収と能動的吸収があるが、カルシウムを若い果実や新葉に多く送るのには夜間に行なわれる根圧を利用した能動的吸収が有効である。培地内に酸素が足らなければ、能動的吸収がスムーズに行なわれない（図3—6）。

▼塩化カルシウムを使う

肥料組成中のカルシウム濃度が適切

写真3－5　気根が多く発生した株元は根が傷んでいる証拠。当然カルシウムも吸えない

になっているかも確認したい。とくにアンモニアや高ＥＣはカルシウムの吸収を抑制する。いっぽう、塩素はカルシウムの吸収を促す相乗作用がある。オランダでのトマトの養液栽培では、培養液に塩化カルシウムを添加する。

▼尻腐れ果をすぐに摘果しない

尻腐れ果は果実肥大と果実へのカルシウム分配のバランスが崩れたときに発生する。例えば収穫量が急に増加して樹上の着果数が減少し、残った果実の肥大速度が急に増大したときに発生しやすくなる。

そこで、果実に尻腐れが発生してしまったときはすぐに摘果せずに、一定の期間残しておいて徐々に摘果する。発生直後に摘果を行なうと、果実へ分配されるべき糖の行き場がなくなり、トマトは栄養生長に傾いて、尻腐れ果がさらに発生しやすくなる。

ただし、樹が生殖生長気味の時や、尻腐れ部に灰色カビ病が発生している時は摘果する。

日焼け果や裂果にも積極かん水

春から夏にかけては、着色不良果が発生しやすくなる。これは着色に影響するリコペンとβ—カロテンの生成適温が異なるためである。果実温度が三〇度以上になるとリコペンの生成に影響を与え、とくに果実の肩が黄色に変色する。

また、裂果は果実に直射日光が当たって果皮が硬くなり、伸長性が悪くなったところに吸水肥大することで起こる。

果実温度を上昇させる果実への直射日光を遮るため、ハウス全体を遮光する方法もあるが、それではやはり光合成量が低下してしまう。そこで、葉で果実を覆う方法が効果的である。つまり葉面積指数（ＬＡＩ）を適切にする。葉面積指数は株間やウネ間による栽植本数と株当たりの葉数で決まる。春から夏にかけては温度が上昇して乾燥もするため、トマトは生殖生長に傾いて小葉になりやすい。十分な葉面積指数確保に取り組んでほしい。

目安は、冬場は収穫果実が見えるように摘葉するのに対して、夏場は果実が隠れる程度である。暖かくなる前にトマトの樹勢を強くしておき、春から夏にかけては株当たり、面積当たりの葉数を冬より多くするように管理するのが重要である。

その上で、日焼け果や裂果対策にも、十分なかん水が必要である。ハウス内の気温の上昇も日焼け果の原因となる。しかし細霧装置などで気温を下げることは容易ではない。その点、葉からの蒸散による気化熱を利用して群落内の気温を下げることは、費用もかからず効果的な方法である。

トマトは吸水量の九〇％以上を蒸散する。その目的は肥料の吸収および輸送と植物体の冷却である。十分な蒸散は植物の生育を健全にするために常に必要となる。尻腐れ果と日焼け果の対策には、十分なかん水が重要である。

Q29 トマトの尻腐れ果と裂果の発生要因は何？

A 尻腐れ果と裂果が併発することはない。尻腐れ果は能動的吸水（57ページ）が足りないから発生する。裂果は能動的吸水が多すぎるから発生する。

Q30 環境制御で病気の発生は抑えられる？

A 湿度による病気の発生は大幅に減らすことができる。とくに灰色カビ病、葉カビ病などである。

6 その他のQ＆A

Q31 夏場のハウス内温度を下げたい

わが国の施設園芸は「温室栽培」ともいわれるように、太陽熱を積極的に取り込み、冬にハウス内温度を上げることが主目的である。そのため、夏のハウス内は外気温よりも温度が高くなることがある。

高温で「純光合成」量が減る

高温がなぜ問題になるのか。

植物は光合成によりつくられた糖から、呼吸に利用された糖を差し引いて、残ったものを細胞の生長に利用することができる。これが純光合成である。


光合成量は二〇～四〇度程度の広い温度の範囲で変わらないが、呼吸は温度の影響を強く受け、三〇度以上の高温では生長量が抑制されてしまう（図3―7）。高温で純光合成量が減るのである。

呼吸は夜間も継続する。そのため夏期の熱帯夜は一日の呼吸量を増大させることになる。

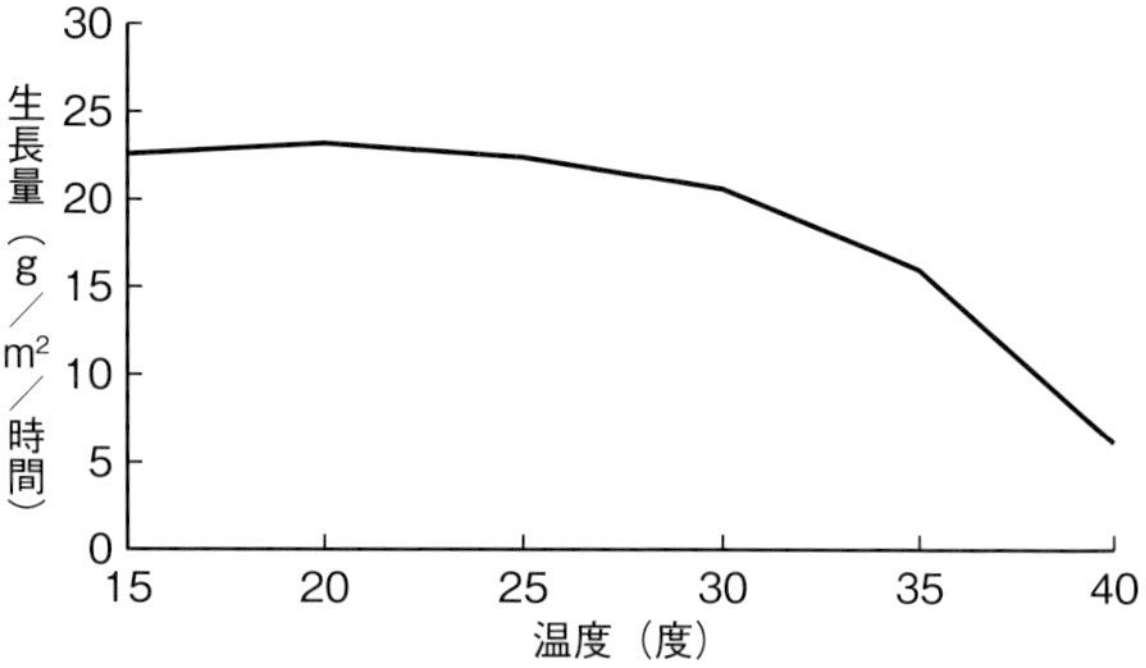

図3－7　温度が生育に及ぼす影響（日射500W/㎡の場合）

※生長量は15～25度の間では変わらない。25～30度では温度が2度上がると生長量が10％落ち、35～40度では2度上がるごとに25％落ちる

何度以下に下げればいいのか

冬の暖房は目標温度を決めて行なうのが当たり前なのに、夏場は目標温度を決めずに対策を立てている場合がある。高温対策もまず、目標温度を決めることが必要である。

私たちの経験上、大玉トマトでは開花から収穫まで、平均気温（外気）二五度以上と夜間平均二〇度以上の両方、またはいずれか一方が連日続くと、十分な品質の果実が収穫できない。

たとえば栃木県宇都宮市では、外気の平均気温が二五度以上になるのは七月中旬から九月中旬である。そこで、この期間はハウス内の温度を低下させる対策が必要になる。

カーテンを利用した遮光

日中にハウス内温度が上昇するのは、太陽から入射する熱量が、出ていく熱量より多いからである。これを少なくすれば、ハウス内の温度を外気と同じまで下げることができる。

それを可能にするのは遮光（遮熱）である。ただし遮光すると、温度と同時に光の量も低下してしまう。光合成には光が必要なので、あまり光を低下させずに熱を遮ることができるといちばんよい。

まず、カーテンを利用する場合は、その目的が遮光なのか遮熱なのかを考えてほしい。そして、カーテンの開閉はハウス内の気温を測って、作業する人が暑いからといって遮光しすぎることのないように注意してほしい。

宇都宮市では一日当たりの日射量がもっとも多くなるのは五月下旬。一方、平均気温がもっとも高くなるのは八月上旬だが、その頃の日射量は四月上旬と同じである。太平洋側の地域では、西へ行くにつれてこの差が小さくなる（熊本市の八月上旬の日射量は、五月下旬よりも多い）。つまり、梅雨が明けた七月下旬から八月下旬にかけては遮光ではなく、遮熱のためにカーテンを利用しているのである。

太陽から注ぐ日射量と、栽培する作物が必要とする日射量を把握することも重要である。

たとえば、収穫期のトマトは多くの光を必要とするので、可能な限り、遮光を控えてほしい。しかし、定植直後のトマトは葉数が少なく、多くの光を必要としないので、五〇％程度の積極的な遮光が必要になる。

屋根に塗布する遮光剤

最近は、屋根に塗布するタイプの白い遮光剤が多く使われている。高温対策に優れた資材だが、吹き付け式なので、晴天時でも曇天時でも常に同じ割合で遮光をしてしまう。とくにわが国には、梅雨があるので注意する。

作物にもよるが、遮光カーテンが設置してある施設で遮光剤を利用する場合は、遮光カーテンも併用することを前提に塗布する遮光率を決める。つまり、五〇％の遮光をしたいなら、塗布剤の遮光率は二〇～三〇％程度とし、天気によってカーテンを使う。

遮光剤は秋になったら、除去剤で必ず洗い流す。「そのうち落ちる」という考えでは、光をムダにしてしまう。

気化冷却を利用した装置

日中の温度低下には、細霧冷房やパッド＆ファンなど、蒸発（気化）冷却を利用した装置もある。湿度条件にもよるが、外気より五度程度下げることも可能で非常に魅力的である。

しかし、これらの機器にはコストがかかり、下げられる温度にも限界がある。入射する熱を遮るためには、遮光資材と併用することが必要である。

葉を増やして気化冷却

植物の蒸散、気化冷却もあなどれない。日射量に合わせて葉面積指数を増やして蒸散量を増大させ、群落内の温度を低下させる（十分なかん水も必要）。

トマトでは株当たりの葉数を増やし、側枝を伸ばして主枝間隔を狭くする。キクのように年間数回定植する作物の場合は、春から夏の作型では秋から冬よりも栽植密度を高くする。

これらの管理は、暑くなってからでは遅く、計画的な実施が必要である。

夜間冷房にヒートポンプ

夜間は、太陽から入射する熱はない。しかし日中に蓄熱してハウス内温度は外気より高くなっている。

夜間の冷却にはヒートポンプが効果的である。ただし多くの場合、導入するヒートポンプの能力は補助暖房を基準に決めていると思う。十分な冷却能力があるか、夜間の温度がちゃんと下がっているか、確認が必要である。

まずは、日中に蓄熱しないことが大切である。

真夏はつくらない という選択肢も

高温対策を聞かれたときに、半分冗談、半分本気でよく答える有効な対策がある。「夏期もしくは高温期に、栽培もしくは収穫をしない」ことである。

たとえば栽培期間が一年以内で、定期的な植え替えをするトマトなどの果菜類では、夏の高温対策のために多くの設備やエネルギーを投入して栽培・収穫する価値があるか、十分に検討する必要がある。

どうしても夏にトマトを収穫する必要があるなら、栽培地域を高冷地に移したほうが容易に解決できる場合もある。適地適作である。

以上のように高温対策にはさまざまな方法がある。重要なのはひとつの手法だけでは対応できないという点である。設備や栽培管理を組み合わせ、最適な環境を創造することが重要である。人間の都合だけでなく、作物の都合もよく考えて取り組みたい。

Q32 トマトで収量が一・五倍に増加した事例があると聞いたが、その要因は着果数の増加、一果実重の増加、収穫段数の増加のどれか？

A 最終的には全部であるが、収量構成要素として大きいのは、着果数が増えて肥大することである。その上で結果的に収穫段数が増えることもある（Q8参照）。八月定植の越冬栽培の場合、環境制御を実施することで二月や三月の収量が飛躍的に向上したという事例が多い。これらの果実は、十二月や一月の最も低日射のときに開花した花になるが、一般的に光合成不足で着果不良や肥大不足になりやすく、これが改善されたことになる。収量の増加には一果重を増大させる方法もあるがおすすめしない。特に長期栽培ではL玉、2L玉をねらうような栽培ではなく、S玉をなくすようにしてM玉を安定的に継続して収穫できるようにする。

トマトの収量について試算をしてみたい。定植本数が一〇a当たり二〇〇〇本、果房当たりの収量が〇・七kg（一七五gが四果）、株当たりの収穫果房数が二三段とする。このとき収量は一〇a当たり三二・二tとなるが、多くの場合で二〇t程度である。つまり、試算に対する達成率は六二%である。収量低下の問題となっている原因を解決することは、達成率を高め収量を向上させることになる。さらに受光量を最適にするために一月以降に側枝を伸長させて主枝本数を増大させれば、収穫果実数を増やせ、一〇a当たり四〇tに近い収量が試算できるようになる。

Q33 イチゴでは養液栽培（高設栽培）より土耕栽培のほうがとれるのはなぜ？

A それにはいくつか理由がある。一つはCO_2濃度が高いこと。土と堆肥からのCO_2供給量は、無視できないほど多い。また、草丈が低いイチゴの場合は、そのCO_2が利用されやすい。

さらに、土耕のほうが果実温度が高い。土壌は冬場も暖かくて（地温一三度）、果実温度も高くなりやすい。そのため果実への糖の転流が起こりやすい。

そして土耕のほうが光が多い場合が多い。高設栽培は連棟ハウスで行なわれることが多いが、施設の光透過率は一般的に連棟よりも単棟ハウスのほうがよい。

養液栽培（高設栽培）ではこの違いを理解し、イチゴの生育を確認しながらCO_2施用や温度管理を高めに変える必要がある。

Q34 土耕栽培で環境制御を導入して収量が増えたが、となりどうしの株の生育差が出やすくなったがなぜ？

A 養液栽培では均一に育つが、土耕の場合は土の状態などのバラツキによって生育差が出やすい。かん水量を増やすことによって生育差がなくなるケースがほとんどである。

Q35 転流が十分起きているかどうかはどうやって判断すればいい？

A 午後、葉が葉裏側に巻いている状態は転流が不十分（葉表側に巻いているのはかん水不足）である。日の入り時に生長点の葉の色が濃くなっていれば転流は十分である。翌朝、日の出時に生長点の葉の色が淡くなっていれば呼吸が適切に行なわれていて夜温は最適である。

第4章

環境制御のための機器

――測る、記録する、制御する

1 環境制御のための計測三段階

第一段階――測る

第二章でも書いたように、環境制御を始めるには、まずハウス内の温度や湿度、CO_2濃度などを測ってみるところからスタートするのがよい。

測れば、自分の目安の温度や湿度、CO_2濃度より高いのか低いのかがわかる。特に日中のCO_2濃度は意外にも大気濃度より低いことに気づくだろう。大気濃度より低いということは、その作物の光合成能力が低下していることを示す。測ることで環境制御の必要性を実感するきっかけになる。

第二段階――記録する

環境制御の必要性を感じたら、次の段階は、温度や湿度、CO_2濃度などの計測値をデータとして記録して、パソコンなどで見られるようにしたい。これで一日の環境変化が過去の計測値も含めて見られるようになる。

すると、たとえばCO_2濃度が朝方は足りているが、肝心な日中には足りていないことがわかる。そこで試しに日中にCO_2を施用してみて、一日のCO_2濃度の推移が変わったことと作物の生育が変わったことがわかれば、環境制御が俄然おもしろくなってくるはずである。

第三段階――制御する

最終段階では、測定した温度や湿度、CO_2濃度などをもとに、天窓を開閉したり、暖房機や循環扇を動かしたりと、自動で環境制御できるといいだろう。

このように、環境制御は段階を追ってステップアップしていけばよい。そしてこれらの段階ごとに計測機器がある。以下にみていこう。

2 環境測定機器のいろいろ

測る機器のエントリーモデル

環境制御を始めるにあたって、あるいは環境制御に興味をもつきっかけとして、とりあえず測ってみようというときにふさわしい計測機器にはどんなものがあるか（表4―1、2）。

通常の温度計・湿度計のほかに、安価に温度とCO_2濃度を測る「CO_2モニター」（TMR）などがある。ハウス内に置いておくと、いわゆるデジタル時計のように計測値を表示してくれるというものである。エントリーモデル（初心者向けの製品）といえるだろう。

記録データをパソコンに取り込む必要があるもの

測ったデータを記録できる計測機器にも、価格と機能によってさまざまなものがある。

安価にCO_2濃度だけを測る代表的なものが「CO_2エンジンK30」（サカキコーポレーション）である。基板のみで売られているので、電源線などを別途ハンダ付けする必要があり、記録するにも別途記録装置が必要である。

もう少し機能をアップさせたものには、温度・湿度・CO_2濃度の計測ができる「おんどとり」（ティーアンドディー）、「データロガーCO_2濃度計」（佐藤商事）などがある。いずれも、計測データは自動記録ではないので、パソコンに取り込む作業が必要となる。計測データを確認できるタイミングはリアルタイムではなく、パソコンに取り込んでからということになる。

表4―1　測る機器

製品名	温度	湿度	CO_2	その他	メーカー	価格（税別）
CO_2モニター	○	○	○	卓上型（壁掛け可能）。液晶部分にCO_2濃度がメイン表示される	TMR（旧バイオテックジャパン）	2万円

記録する機器

統合制御	その他	メーカー	価格（税別）
	基板だけの販売なので、別途ハンダ付けする	サカキコーポレーション	1万4100円
	約30分ごと24時間の計測ができる	ビーズ	1万9000円
	記録データは無線でも回収できる	ティアンドデイ	5万6000円
	記録データはUSB接続でパソコンに吸い上げる	佐藤商事	2万6780円
	地温や外気温も測れる	誠和	20万
	ネポンのMC－6000の基盤と接続すれば自動制御もできる	ネポン	30万
	スマホなどでモニタリングできる。警報メールサービスもある	四国総合研究所	25万
△（飽差と温度のみ）	CO_2NAVI（下記）と連動もできる。日射に強い木製センサー箱使用	ニッポー	40万
△（CO_2のみ）	日射でかん水やCO_2濃度の設定が変更可能。土壌水分の計測も可能	ニッポー	25～45万（廉価版16万）

制御する機器

統合制御	その他	メーカー	価格（税別）
○	プロファインダーで得た計測値と連動して、各種機械を制御する	誠和	200～300万
○	外気温や地温・雨量・風向・風速なども測れ、天窓など、各種機械を連動して操作できる	誠和（オランダプリバ社）	500万
○	外気温・雨感知・風向・風速などが標準装備。PAR（光量子密度）、培地重量も測れる	イノチオアグリ（オランダホーヘンドールン社）	1000万
○	自動車部品メーカーのデンソーとの共同開発。計測値をもとに、環境変化を予測し、動かす機器を選ぶ	トヨハシ種苗（DENSO）	370万

できるものもある。購入にあたっては、メンテナンスや技術指導の有無、測定精度も参考にしたい

取り込み作業が不要のもの

この取り込み作業が不要で、温度・湿度・CO_2濃度の他に照度や日射量、飽差などが測れるのが、「プロファインダー」（誠和）、「アグリネット」（ネポン）、「ハッピィ・マインダー」（四国総合研究所）などである。

本書に登場していただいた生産者の多くが使っているのが、このタイプである。

データ取り込み作業が不要のタイプになると、リアルタイムの環境がわかり、対策を打つことができる。同じ温度でもより詳細に、日平均気温と積算気温がわかる。すると、たとえばイチゴは積算温度約六〇〇度で収穫できる

表4－2

製品名	温度	湿度	CO_2	光	飽差	露点
CO_2エンジンK30			○			
二酸化炭素濃度計	○		○			
おんどとり（RTR－576）	○	○	○			
データロガーCO_2濃度計（MCH－383SD）	○	○	○			
プロファインダーⅢ	○（平均・積算）	○（絶対・相対）	○	○（照度）	○	○
アグリネット	○（平均・積算）	○（相対）	○	○（照度・日射量）	○	
ハッピィ・マインダー	○（平均・積算）	○（絶対・相対）	○	○（日射量）	○	○
飽差＋	○（平均・積算）	○（絶対・相対）			○	○
CO_2NAVI　ADVANCE	○（平均・積算）		○			

表4－3

製品名	温度	湿度	CO_2	光	飽差	露点
ネクスト80	○（平均・積算）	○（絶対・相対）	○	○（日射量）	○	○
マキシマイザー	○（平均・積算）	○（絶対・相対）	○	○（照度・日射量）	○	○
iSii（イージー）	○（平均）	○（絶対・相対）	○	○（日射量）	○	○
Profarm（プロファーム）	○（平均・積算）	○（絶対・相対）	○	○（日射量）	○	○

※価格は参考本体価格（各種センサーなど追加費用がかかる場合もある）。測定要素はそれぞれ拡張

ので、日平均気温一五度なら四〇日で収穫できることがわかる。三日間曇って平均気温が低くなったら、その後三日間は少し温度を高めにもっていくことで帳尻を合わせる、などの手が打てるようになるのである。

計測データと連動して制御する上位モデル

計測データにもとづいて暖房機やCO_2発生装置などを動かす機器もいくつかある。これらは統合環境制御機器とも呼ばれ、現在さまざまなものが開発されてきている。

「マキシマイザー」（誠和）、「イージー」（イノチオアグリ）、「プロファーム」（トヨハシ種苗）などがある。

3 センサーの設置場所

設置場所が適切でないことが多い

温度や湿度、CO_2濃度などのハウス内環境を測定して知ることは、環境制御の取り組みの第一歩として非常に重要である。しかし、生産者のハウスに訪問してみると、測定機器（センサー）が適切な場所に設置されていない場合が多い。これでは正確な環境を知ることはできない。

センサーには日除けとファン

環境を測定する際、センサーに誤差がないことはもちろんだが、それ以上に設置する方法が重要になる。

まず少なくとも、温度と湿度センサーには放射除けの日除けカバーを付けることである。

ファンが付いた強制通風式なら、さらに正確に測定できる。ハウス内は外気と比べ風が弱く、温湿度変化も激しい。通風することで常に正確な環境を測定することができる。

単にハウス内に設置しただけの自然通風式センサーは、強制通風式と比べて日中は三度くらい高くなり、夜間は三度くらい低くなることがある。本書で「気温」と書いた部分は、すべて強制通風式で測定したものである。

ハウスの真ん中に設置する

そして、センサーは適切な場所・位置への設置が大切である。まず、設置場所はハウスの中心である。通路や谷部のカーテン下、換気窓下は避ける。

谷換気や軒の低い施設では、換気窓とセンサーの距離が近いと、換気時の冷気を直接感知してしまう。

夜間にカーテンを数%開けて除湿する場合は、カーテンの開口部直下への設置も避ける。カーテンを開けた時にカーテン上の冷気が落ちてきて、温度が下がって湿度が高く表示される。除湿機や暖房機と連動させている場合には、除湿のためのエネルギーが多く必要になってしまう。

群落に隠れるくらいがよい

さらに、センサーはウネ間ではなく条間の群落内に設置する。本来、測りたいのは葉面の環境（温度や湿度、CO_2濃度）であって、気温を測るのはその代わりである。そのため、センサーは植物体のなるべく近くに設置するのが基本である。

植物体の近くと離れたところでは温度差がある。蒸散による冷却効果のためである。トマトなどのハウスの場合、通路は暑いけれどウネに入ると涼しいと感じたことはないだろうか。逆にハイワイヤー栽培では、台車に乗ってつる下ろしをすると暑く感じたりする。春の晴天日なら日中、生長点付近と収穫果実付近では、五度程度もの温度差がある。

写真4－1　測定機器は、トマトでは生長点より50㎝ほど下に設置する

写真4－2　イチゴではウネの少し上に設置する

センサーは、トマトのように草丈が高くなる作物の場合、もっとも光合成が盛んな葉の付近に設置する。ただし生長点上に露出しないよう、生長点から五〇㎝程度下に設置する。イチゴのような作物は群落内への設置が難しいため、その直上に設置する。

センサーが適切な場所に設置されていれば、ハウス内に入っても容易に見つけることができないはずである。見つけられるとすれば、設置場所が適切では

写真4－3　センサーが複数あれば、トマトの果実温を測ることで果実の結露を防ぎ、灰色カビ病の発生を防ぐことができる

ないということである。

ハウス内に一つでよい

　例えば三〇〇〇㎡（三〇a）程度のトマトハウスならば、センサーを設置するのは基本的に一カ所で十分である。

　もちろん、同じハウス内でも場所によって、必ず環境に違いがある。しかし、その違いまで測定しようとすると、極端な話、一〇〇カ所ぐらいに設置する必要がでてくる。そんなことはできないので、継続的に測定する時は、その差を考慮したうえで一カ所の環境を測ればよい。

　データ収集（測定）の間隔はなるべく短いほうが適している。外気象より環境変化が激しいハウス内では、一〇分や一五分に一回の測定では正確な環境は把握できない。一分に一回程度の測定をして記録したい。

センサーが複数あれば測りたいもの

▼生長点と果房付近の差

　ハウス内の環境測定にはセンサーが一つあれば足りるが、もしセンサーが複数あるなら、トマトなどでは生長点付近と収穫果房付近の温度差を確認するのが有効である。草丈の上下間での温湿度差は、果実の結露や着色に影響する。空気を循環させたりすると、この差を少なくすることができる。

▼保温カーテンの上

　また、カーテン上の気温を測定すれば、冬の朝、カーテンを開けるタイミングを判断する材料になる。カーテン上下の温度差を測り、遅くとも、カーテン上の気温が上昇しはじめた時には開けるようにする。

▼果実の温度

トマトなどでは、果実温を測ることで、初春の朝に果実が結露するのを防ぐこともできる。露点温度に対して果実温度がそれ以下になった時に果実の結露は生じる。そうならないように温度と湿度を管理すれば、果実の灰色カビ病を防ぐことができる。

▼地温や培地温度

地温もしくは培地温の測定も重要である。地温は瞬間値ではなくその変化を知ることが重要である。実際に測定してみると、一日の中ではあまり変化せず、平均気温に影響を受けていることに気付くはずである。測定の際、センサーは土壌表面近くではなく、根が多くある深いところに設置する。

外の気温や湿度

外気の気温や湿度を測定することも重要である。例えば換気窓を開けて除湿できるのは、ハウス内の絶対湿度がハウス外より高いときである。その差を把握しておけば、雨が降っている時や霧が発生している時でも、換気窓を開けて除湿できるようになる。

光センサーは屋外に設置

光条件を測定する、照度センサー（lx）や日射センサー（W）は、屋外で建物の陰にならないところに設置する。ハウス内への設置では、ハウス構造物の陰を拾ってしまい、正確な光環境を知ることはできない。

データはひとり占めしない

こうして自分のハウス内環境を測定し、仲間同士でデータを比較することは栽培技術の向上に大変有効である。ハウスの形状が違うから、外気象条件が違うからデータの比較は意味がないという方もいるが、これは間違いである。

重要なのは、同じ測定センサーを各自のハウス内の適切な場所に設置してデータを比較することである。生産者同士が同じ単位で話をすれば、手に取るように他のハウスの環境と比較できるようになり、自身の問題点を明確にすることができるはずである。

本書に出てくる環境制御関連機器メーカー一覧

CO_2施用機

メーカー（販売元）	所在地	電話	ホームページ
㈱バリテック新潟	新潟県燕市	0256-64-3838	http://www.varitech.co.jp
㈱マルテック	茨城県那珂市	029-295-7333	http://www.rantansan.com
ネポン㈱営業部	神奈川県厚木市	046-247-3269	http://www.nepon.co.jp

被覆・カーテン資材

AGC グリーンテック㈱	東京都千代田区	03-5833-5451	http://www.f-clean.com
㈱誠和	栃木県下野市	0285-44-1751	http://www.seiwa-ltd.jp

環境計測・制御機器

メーカー（販売元）	所在地	電話	ホームページ
㈱TMR	東京都千代田区	03-3219-5351	http://www.bio-jpn.com
㈱ビーズ	大阪府東大阪市	06-6732-4310	http://www.be-s.co.jp/products/ga/gc02/
㈱サカキコーポレーション	大阪市	06-6608-7800	http://www.sakakicorporation.co.jp
㈱佐藤商事	神奈川県川崎市	044-738-0622	http://satosokuteiki.com
㈱ティアンドデイ	長野県松本市	0263-40-0131	http://www.tandd.co.jp
㈱誠和	栃木県下野市	0285-44-1751	http://www.seiwa-ltd.jp
ネポン㈱	神奈川県厚木市	046-247-3269	http://www.nepon.co.jp
㈱四国総合研究所	香川県高松市	087-844-9229	http://www.ssken.co.jp
㈱ニッポー	埼玉県川口市	048-253-2788	http://www.nippo-co.com
イノチオアグリ㈱（旧イシグロ農材）	愛知県豊橋市	0532-25-7621	http://www.inochio-agri.co.jp
トヨハシ種苗㈱	愛知県豊橋市	0532-45-4137	http://www.toyotane.co.jp

関連記事案内

斉藤章、2014、オランダに学んだ環境制御の取り入れ方、最新農業技術野菜vol.7、69-90、農文協

斉藤章、2010、平均反収70tのオランダの栽培システムと統合環境制御、最新農業技術野菜vol.3、151-170、農文協

三好博子、2014、イチゴとちおとめ・促成栽培、福島県須賀川市・小沢充博、最新農業技術野菜vol.7、33-39、農文協

深田正博、2014、低軒高ハウス利用の複合環境制御による28tどり、宮崎県八代市・宮崎章宏、トマト大事典、1115-1125、農文協

新田益男、2014、ナス土佐鷹・環境制御を導入した促成栽培、高知県安芸市・植野進、最新農業技術野菜vol.7、19-32、農文協

松本佳浩、2014、トマト促成長期どり土耕栽培で収量30t/10a、栃木県壬生町・小島高雄／小島寛明、最新農業技術野菜vol.7、9-18、農文協

斉藤章、2014、日中のCO_2積極施用、改良アーチングなどで高収量・高品質栽培、広島県竹原市・京果園神田、最新農業技術花卉vol.6、244-250農文協

著者略歴

斉藤　章（さいとう　あきら）

1972年、埼玉県さいたま市生まれ。
1997年、千葉大学大学院園芸学研究科修了。株式会社誠和入社。研究開発部、営業本部を経て、現在はソリューション事業室室長。

全国各地で年間70回以上、施設園芸における実践的な環境制御方法や栽培方法に関する勉強会やセミナーを実施。オランダには調査・情報収集のために直近の10年間で20回以上訪問。

内閣府「戦略的イノベーション創造プログラム」次世代農林水産業創造技術、イノベーション戦略コーディネーター。「トマト　オランダの多収技術と理論－100トンどりの秘密」(農文協)の出版にかかわる。

ハウスの環境制御ガイドブック
光合成を高めればもっととれる

2015年 11月20日　第1刷発行
2021年 4月20日　第9刷発行

著者　斉藤　章

発行所　一般社団法人　農山漁村文化協会
〒107-8668　東京都港区赤坂7丁目6-1
電話　03(3585)1142(営業)　03(3585)1147(編集)
FAX　03(3585)3668　振替　00120-3-144478
URL　http://www.ruralnet.or.jp/

ISBN978-4-540-15116-3　DTP製作／㈱農文協プロダクション
〈検印廃止〉　印刷／㈱光陽メディア

製本／根本製本㈱
Printed in Japan　定価はカバーに表示
乱丁・落丁本はお取り替えいたします。

農文協の農業書

イチゴつくりの基礎と実際
齋藤弥生子著
1700円＋税

休眠と花芽分化のあるイチゴは、季節にあわせた作業の段取りが勝負。初心者から安定5ｔどりを実現するための段取りと、失敗しないための栽培のノウハウを、著者の研究と現場指導の経験をベースにきめ細かく解説。

増補改訂　イチゴの作業便利帳
伏原肇著
1700円＋税

常識とされていたイチゴの栽培方法や生育のとらえ方をくつがえす、新しい提案や技術を具体的に提示するなど、まさにイチゴ栽培を一新したと評判の本に、とちおとめ、あまおうなど6新品種と高設栽培を増補して改訂。

イチゴの高設栽培
伏原肇著
2000円＋税

腰を曲げずに作業できると急速に広がっているが、栽培を安定させるには課題も多い。イチゴの生理から高設栽培の長所と短所の整理し、培養土や栽培槽の選定から施肥・潅水など品質と収量を高める栽培のポイントを示す。

キュウリの作業便利帳
白木己歳著
1900円＋税

キュウリ大産地宮崎県で研究をしていた著者の経験と観察や、農家との付き合いの中でつかんだ、作業のコツのコツを明快に指摘し解説する。初心者からベテランまで、〝目からウロコが落ちる〟キュウリつくりの極意が満載。

ピーマン・カラーピーマンの作業便利帳
布村伊著
1900円＋税

早出しより、安定出荷、定量販売をしてこそ売り先の信頼も得られ、一定の儲けも確保される。鉢ズラシ期の若苗定植や三節側枝の徹底摘除、保温・水分管理のコツ、ウイルス対策など定量安定出荷の作業の勘どころを指南。